激動の時代と日本農業の活路

新版

●鈴木俊彦●

東京農大出版会

はじめに

小著は半世紀に及ぶ筆者のいわば集大成の本であり、おそらく最後の出版となるだろう。

フランスの経済学者トマ・ピケティは、『二一世紀の資本』において格差の世界的拡大を警告している。TPP体制による農産物の門戸開放へのトレンド。〝不落の城郭〟を誇ってきたJAグループの〝解体騒動〟など、二一世紀に入っての日本農業は激動の風をもろに受けている。その影響と農協自己改革の方向を、まず本書の第一部で考えてみる。

二一世紀は〝福祉の時代〟と言われる。地域社会のなかで協同組合はいかなる役割を果たすべきか。さらに筆者の自分史にも「激動の時代」の様相が映し出されているので、これを加えた。この重大な問いを巡り、第二部で攻究してみた。

この本は増補改訂版であり、第一部一の2「〝農協解体騒動〟の背景と今後の展開方向」では、規制改革会議提案による改定農協法について詳細な情報を収め、またJA全中・奥野新会長体制の担う課題と寄せられる期待感、さらには今後の農協運動の具体的な目標を解説するため、ほぼ全面的に新しい原稿に書き改めている。農相、農水事務次官の交替、さらには話題の小泉進次郎氏が自民党農林部会長就任。そしてTPPの大筋合意、さらに政界では民主党と日本維新の会が統合されて「民進党」がスタートを切った。画期的な転換期に応じて最新の情報を書き入れた。また同じく第一部の「両サイド法人による"荒野の決闘"か?」から変じて「両サイド法人は〝Ｗｉｎ－Ｗｉｎの方向〟か？」でも、最新動向をできるだけ収めた。

第二部では、東畑四郎氏の会見と、旧農業基本法の生みの親・東畑精一氏と評論家の秋山ちえ子さんが、私の担当で「家の光」に収めた対談記事が見つかり、これがさすがに半世紀後の今日の農村状況を正確に見通しておられるので、新たに収めている。ご一読頂きたい。

ページ数の制約もあり、初版の第二部は第一部に吸収させ、第四部「世を去りし人を悼む」は、残念ながら割愛せざるを得なかった。御了承を頂きたい。

本書の執筆を通じて、二〇世紀から二一世紀、昭和から平成へと激動する日本農業の姿を自分の目で凝視してみた。寄せくる波、返す波……海の岸辺に脚部をひたす思いで、本書の内容に共感頂ければ幸いである。

激動の時代と日本農業の活路　目次

第一部　日本農業と協同組合・緊迫の論点

一　深刻化する日本農業と農協の危機
――〝地方創生〟との重なり合いのなかで

この半世紀にわたり農村巡りを重ね、取材活動を続けている筆者が、このところ、どこの農家を訪ねても、返ってくる言葉は「農業を続けるのはわし一代限り」、「この地域で、農業をやっているのは、わしの家一軒だけ」という経営主の、極めてニヒルに響く〝ポツリ発言〟なのである。

この言葉の背景には、農家の担い手不足、耕作放棄地の拡大、さらには人口減少という、日本全体に共通する難題が横たわっている。特に山陰地方では、「島根県の人口は減りに減って、千葉県の船橋市と同じ六〇万人台になっている」、との衝撃的な落胆の声すら、聞かれるほどになっているのだ。国会議員の選挙区は鳥取、島根を一区とする措置も、これに重なる。いわゆる「消滅市町村問題」につながっているのである。「二〇四〇年、地方消滅。〝極点社会〟が到来」。これは元岩手県知事で元総務相の増田寛也氏が発する警告だ（『中央公論』平成二六年八月号「消滅都市にならないための6のモデル」参照）。東京一極集中と背中合わせの地方衰退。いまや日本農業問題は、このトレンド（傾向）と無関係には語れない。

農村部における人口減少対策のキイは、集落営農組織などを軸にした体制づくりである。

これこそいまや〝解体〟騒ぎの中で揺れ動く農協に課せられた大きな使命なのだ。地方と農業のサバイバル（生き残り）は、農協のサバイバルの道と重なっている。つまり「地方創生」の機関車として、農協グループは、自らの生き残りをかけた活動に取り組まなければならない。あれこれ非難を浴びながらも、好むと好まざるとにかかわらず、農協という協同組織を軸に再結集を図るよりほか、農業サバイバル（再生）の方途はないと言える。この論考執筆のモチーフもここにある。

なお、ＴＰＰ（環太平洋戦略的経済連携協定）の大筋合意による市場開放（ゼロ関税化）がほぼ実現の見込みとなったが、米国が批准するかどうかが不明なので、これまでの経過に沿い、説明をする他ない。畜産と砂糖原料が致命的打撃を受けるはめになったという。しかし、コメについては、これを主たる収入源とする農家が、むしろ少数派に転じており、コメプラスα経営が、今やαプラスコメの経営形態に変化をみせている。果実については輸出ドライブをかけるため、むしろ関税というハードルのダウンを望む経営が増えている。このように農業経営も多様化しており、オール農協をあげての統一的な反ＴＰＰ運動の展開は、もともと困難だった。しかし現に政府は、ＴＰＰ発効に向けた政策大綱を決定し、輸出の強化策を織り込んでしまっている。平成二七年十一月五日発行の「ＪＡ・ｂｙ・ＡＥＲＡ」（朝日新聞出版）も、当のＪＡ全農が飛騨牛の香港・シンガポール、ＥＵ向けの輸出にドライブをかけており、JAグループ熊本も豚肉を海外に輸出し、人気を集めている。JA全農ぐんまの牛肉は米国、カナダ、香港、シンガポール、タイ、マカオ、メキシコ、ベトナム、EUの九か国への輸出に成果をあげている。今度は衛生管理手法であるHACCPの導入の成果と言える。そして、国産農産物の輸出は伸びる一方で、リンゴ、牛肉、緑茶でそれぞれ初めて一〇〇億円、総額七、四五二億円の輸出額をマークしたと、平成二八年二月二日付きの日本農業新聞は一面で報道している。さらに平成二八年二月には、全中の奥野会長自ら中国に限りコメの輸出の推進に力を注いでいる。同紙は客観報道で定評があり、筆者もコラムを掲載して頂いている。

さらにJAつがるを中心にJAグループ青森の輸出志向も活発を極め、JAグループ秋田も新規需要米制度を活用してコメの輸出に力を入れ、JAグループ岡山も特産品ニューピオーネ」の輸出に汗を流している。やはり実態は率直に認めないわけにはいかないだろう。また、農業ジャーナリストの青山浩子さんは「TPP以上に深刻なのは人手不足。売り先があるのに作業する人がいない」との農家の声を伝えている（毎日新聞平成二八年二月二四日付）。また、長野県の農業生産トップリバーの嶋崎社長も「土地はある。売り先もある。足らないのは人」と、決定的な発言をしている。まさに、TPPに対する前に人手不足で日本農業は衰退しないかと、取材を通じて筆者も憂えていたものだ。

1　病状進む日本農業の姿

「日本農業の危機」という言葉は、この半世紀にわたり、それこそ耳タコの言葉である。しかし、人口減少、高齢化、担い手不足、耕作放棄地の拡大という危機的状況は深刻化するばかりで、対処し得る方法が容易に見出せないままにきている。

全農家を組合員として傘下に収める農協グループも、ついに農水省から、〝解体〟を迫られた。全中の行政法人化である。半面、商社、スーパー・コンビニ等の量販店を中心とする〝商系〟の農業参入は進む一方で急ピッチの展開だ。農協グループは、まさに隙間をつかれた形なのである。現にこれら商系ファーム（農場）の従業員として農協の正組合員農家が雇用される形が一般的となっている。実に農協組織は、〝蚕食〟されているのである。まさに二一世紀の地域農業、地方自治体の財政は、二〇世紀とは様相を一変した形だ。福島県下では〝ふるさと納税〟の動きも出ているが、どこまでその成果が期待できるか、関心を集めている。ここに現代を分析し、一ジャーナリストの眼で日本農業の展開方向を考えてみる。

○担い手の不足と高齢化

農林水産業の就業者数は年々減少して、最近公表された「二〇一五年農林業センサス」によれば、現在は二〇九万人となり、五年前の前回調査に比べ、五一万六〇〇〇人、率にして二割の激少である。全農家戸数についても昭和三五年（一九六〇年）の六〇六万戸から、平成二二年（二〇一二年）には二五三万戸へと、六割方減少している。農産物からの現金収入がある販売農家を含む農業経営体数は一三七万四五〇〇で、五年間で一八％が失われた。基幹的農業従事者は一七九万八〇〇〇人だ。因みに基幹的農業従事者とは、主として自営農業に従事する一五歳以上の世帯員のことを示す。男性が経営者の農家では、四〇％の農家で女性が経営方針の決定に関わっており、女性が経営者の農家と合せると、四七％に達した。農業就業人口でも女性は四八％を占め、重要な労働力として生産を支えている。こうした実態にほぼ見合う形で、経営面でも、ほぼ半数の農家で女件が関与している。温室効果ガスも大きな悩みだ。政府は、「国家戦略適応計画」などを立てているが、その動向にも関心を抱かざるを得ない。こうした状況のなかで香川県下では、農家と福祉関係団体が、農作業の現場で連携する動きも出ている。

日本農業の病状のうち、最も深刻なのは担い手の不足で、その原因は言うまでもなく高齢化である。基幹的農業従事者の平均年齢は平成七年（一九九五年）が五九・六歳だったのに、現在六七歳へと年々高齢化は進むばかりだ。間もなく七〇歳に手が届くだろう。三九歳以下が全体の六・七％に過ぎず世代間バランスも大きく崩れている。半面、新規就農者の動向をみると、昭和四五年（一九七〇年）以降、（人口問題に関連するが、相川俊夫氏によると、人口わずかに四〇〇〇人の「辺境の村」が全国有数の高い出生率を誇っている長野県下条村の例もみられる。（集英社新書）経済成長期には一貫して減少し、三九歳以下だと全国で四八〇〇万人にまで落ち込んだ。

しかし、二一世紀に入ってからは上昇をみせ、二〇〇六年（平成一八年）には三九歳以下で一万四七〇〇人、新規従業者全体だと八万人にまで回復している。サラリーマンの定年退職者の就農増加による。と言っても、この年がピークで、現在は全体で五万七六五〇人、五〇歳未満だと二万一八六〇人で、全体の三八％を占めている。若い世代を中心に営農意欲が高まっていると見てよい。女性だけでの新規就農のケースもみられ、北海道帯広市の「十勝ガールズ農場」の動きも注目される。また、農業ジャーナリストの小谷あゆみさんは、「一億総農作業で健康長寿」と、励ましのエールを投げかけている。

さらにエムスクエア・ラボ社長の加藤百合子さんは、昨年地方創生農林水産業ロボット推進協議会を立ち上げ、生産性向上を目的にロボット開発に乗り出した。まさに、女性のアイデアによって「農業ロボット元年」がスタートを切ったわけだ。

ただ、平成二四年度（二〇一二年度）から始まった「青年就農給付金制度」が、今後若い担い手の就農を後押ししていくことは確かだ。このうち、農家出身でなく、土地や資金を独自に調達して新たな農業の道に入った「新規参入者」は二九〇〇人で、前年とほぼ同水準である。

新たな就農の受け皿とし大きな存在となろうとしているのが、農業生産法人だ。法人経営は二万七〇〇〇と二五・五％増加した。法人に就農する「新規雇用就農者」は七五〇〇人で、非農家出身が八割を占めている。

農業経営上の〝優等生〟として、市町村から認められている人々が「認定農業者」で、その数二三万三三八六人に達している。深刻な担い手問題のなかで、彼らの存在だけが明るい要素といえる。

○耕作放棄地拡大にみる農地問題

農地面積は、この五〇年間で六六〇万haから四五一万haへと、約二五％減少している。しかし、五ha以上の経営体の数は五七・八％を占めるに至った。平均面積にして二六・五haへの経営の大規模化が進んでいる。耕作放棄地の増加が目立つのは岩手県（三四〇〇ha増）、福島県（二八〇〇ha増）など。土地持ち非農家の耕作放棄地が二〇万haで、全体の四八％を占めるのは、注視する必要がある。コメの減反政策の影響もあって耕作放棄地は昭和五五年（一九八〇年）の一二・三万haから現在は約三九万六〇〇〇haへと拡大している。アジアモンスーン地帯の一角を占める日本だけあって、雑草は生え放題。限られた国土面積のなかで、莫大な国益の浪費と言える。不耕作者にも減反補助金を与えた農政の決定的なミスだった。

この空隙を埋めるような形で、商社系、量販店系の農業生産法人が組織され、農業への参入が急ピッチで展開されているが、農業サイドとしてこの動きを「不当千万」と非難攻撃できなくなった。一部のマルクス主義農業経済学者は、農外資本の農業参入に道を開いた平成二一年（二〇〇九年）の農地法改正（平成の農地改革）に反対の声をあげたが、ほとんど説得力を持ち得なかった。その後も耕作放棄地が拡大している一方だ。

こうした遊休農地に対し、固定資産税等の課税を強化せよと、元広島県立大学教授の笛木昭氏らが提起し、農水省もその方向に動き出す。その狙いは遊休農地の農家（主として集落営農体）への集約を促し、笛木氏提唱の農地中間管理機構（農地集積バンク）に農地を集め、経営規模の拡大に役立たせるところにある。しかし、その成果は今のところ思わしくない。実際に機能しているのは、当初の期待の二割くらいか。なお、JA全国中央会（全中）も「所有権保護」を条件として平成二一年（二〇〇九年）の農地法改正には賛同している。

限られた国土のなかでの農地の遊休化は、国民経済上の大きなロスとなるので、この遊休農地解消のための課税強化にはいろいろと問題点はあるが、結論的には筆者も賛意を表する立場だ。

○食料自給率低迷の問題点

わが国の食料自給率はカロリーベースだと五年連続で三九％の横這い状況である。品目別でみると、コメが九七％、コムギが一二％、大豆が二三％、畜産物が一六％、野菜は七六％、果実は三四％となっている。こうした食料自給率の低さを、農政問題で最重要のマターと主張する人も少なくない。しかし、取材経験の長い筆者は、話の真っ先にカロリーベース自給率の数値の低さを問題視する人は、率直に言って「農業問題に関する素人、または一知半解の人」と判断している。

現在の日本は、金額ベースだと食料自給率は七〇％台である。ことさらにカロリーベースの数値を農水省が毎年発表している理由は、率直に言って食料問題の危機感をあおり、翌年の農水予算の減額を防ぎ増額を要求するための論拠としているのだ。新農業基本法（平成一一年・一九九九年）でも、その第一五条で食料自給率の向上を国の努力対象としている。

筆者はこの条文を農業サイドの武器とし、農政要求の〝錦の御旗〟として活用したらよいと、絶えず農協グループには呼びかけてきた。カロリーベースの数値の危うさを承知のうえで、この条文は農家・農協の利益向上、要求上極めて有効な主張の論拠となり得ると判断しているのである。因みにカロリーベースを採っている国は、日本のほか韓国、ノルウエー、中国、台湾、ロシアくらいのもので、圧倒的に各国政府は金額ベースで発表している。わが国の自給率数値が四〇％前後で推移しているのは、飼料用穀物（主としてトウモロコシ）を一年当たり二五〇〇万～三〇〇〇万ｔも輸入しているからである。理由は、日本の農地は減少する一方で飼料用穀物を畜産物需要に応じ得る量だけ生産できる農地面積がないことである。およそ日本の農地の二・五倍ほどの農地を海外から借りている計算なのだ。現に農民作家で畏友の山下惣一さんは「自給率なんて俺たち農家の問題じゃない。消費者の問題なんだ」を持論としている。明解な言葉だ。

○人口減のマイナス面

前述したように当然ながら人口の過疎化は山間地農村の生活環境を荒廃させ、農業者の労働力不足は、いわゆる粗放栽培をもたらしている。農業生産法人の経営にとっては、従業員やパートタイマーの賃金高につながり、経営上の負担が増大している。（農協運動に対するマイナス面は後述する。）

○人口減を逆手にとる動き——人口減への対処〝農村回帰〟

逆説的な記述となるが、人口減少のトレンドは、農業サイドにとって実はプラスの面もある。それどころかプラス材料としてこの状況を農業振興につなげようとする論議も出ている。

その論者のうち、強力な説得力の主が明治大学教授の小田切徳美氏である。日本創生会議（議長・増田寛也：元総務相）が、「二〇四〇年までに日本の市町村の数八九六が半減する」という衝撃的な報告を出したのに対し、小田切教授は、これを農業発展のためのプラス材料に転じるべき」と力強く主張しているのだ。

「この日本創生会議の推計は〝将来自治体が消滅するなら農業も撤退するべき〟としているが、これは〝農村たたみ論ではないか、農村回帰の動きを過小評価しているのではないか」と、小田切教授は鋭く疑問を提起している。そしてむしろ「消滅可能性都市」とは異なる動きとして、若者を中心に地方の農村部への移住者が増していることに留意されたい」と、小田切氏は反論しているのだ。

現に、代表的な過疎県の一つ鳥取県では、二〇一一年度の五〇四人だった同県への移住者が二〇一三年度には二倍近い九六二人に増えているという。都市部の若者の農村部への移住が進んでいるのは、若者たちが地方自治体に雇用されて活動する「地域おこし協力隊」への加入などが動機になっているらしい。

問題は、こうした若者が農業生産法人などに勤務するための資金づくりや能力の養成にどう支援の手を差しのべるかだ。これが今後の重要なテーマとなる。小田切教授は自ら「活力ある農山漁村づくり検討会」の委員長を務め、人口減少が進む農山漁村の維持・活性化対策を探っており、「農村回帰」を追い風にすべきと主張している。

首都圏から地方への移住希望地のトップが長野県、第二位が山梨県。このところ人気急上昇中なのが岡山県という情報も聞かれる。子持ちの人々に共通しているのは「土に触れられる農村で子供たちを育てたい」との念願だ。若者の「農村回帰」に着目した役所が総務省。

二〇〇九年に、「地域おこし協力隊」をスタートさせ、青年たちを農村に送り込む政策を進めている。内閣府の調査によると、三〇%余の人々が農山漁村への定住願望を抱いているという。「一般社団法人移住・交流推進機構」がまとめている「田舎暮らしお役立ち情報」によると、やはり過疎県の島根・鳥取（人口五三万）両県の自治体では助成金を用意して〝歓迎〟の体制を組んでいる。こうした田園回帰のトレンドは時代の要請に応えるものだけに、今後大きな潮流となることを期待したい。しかし、島根と鳥取との選挙区同一化については賛同できない。やはり両県それぞれの代表を選出すべきだ。

○「地方創生」政策の展開

第二次安倍内閣が打ち出した最重要課題の一つが「元気で豊かな地方の創生」であった。地方創生の担当大臣には農村事情に詳しい元農相の石破茂氏だけに、その実行手腕が期待できる。鳥取を地盤とするだけあって、人口減少や地方の活力減退については、日常的に心を痛めてきた石破氏だ。「地方創生は正面から取り組まなければならない構造的課題であり、先送りは許されない」と就任の抱負を述べている。

現在の創生本部では五か年計画をたて、地方雇用の創出にも全力をあげると表明している。

高市早苗総務相は「人口減少傾向に対しては、地方の魅力を引き出し発信していくことで、積極的に対処したい」と言明。具体的にはＩＣＴ（情報通信技術）を駆使して地方の魅力を引き出し発信していく。特に子育て中の女性、高齢者、農村や離島の住民の雇用促進に力を入れていくという高市総務相の着眼点は評価できる。

なお、TPPによるわが国農林水産物の影響は最大二一〇億円と政府では試算をしている。

○農協青年部員たちの〝やる気〟

筆者は毎年、全国農協青年組織協議会が主催するJA全国青年大会に参加し、彼らの主張や活動実績発表を取材しているが、年々彼らの発表内容は堅実性を増し、消費者との交流、学童への食農教育の実践などに本気になって取り組んでいる状況がよくわかる。もはや現在の農村には中途半端な気持ちの若者はいなくなった。少数精鋭ながら「農業で生きていく」という腹が固まった青年たちだけなのである。彼らの〝本気〟度には期待したい。

2 〝農協解体〟騒動の背景と今後の展開方向

「農協解体論」をめぐる一連の動き。そこには、積年にわたる農協グループの習性に対してふり降ろされた、政府・保守陣営からの〝鉄槌〟を感じずにはいられない。それにしても農業が多様化している今日、なお反TPP運動でオール農協が一本化し結束できると考えた過度の楽観性が農協グループ全体にあったことは指摘せざるを得ない。なお、このほど政権に加わった自民党農林部会長の小泉進次郎氏は、何分にも都会育ちの坊っちゃん議員だけに

〝門外漢〟と見られがちだが、新政権では石破茂地方創生相に次いで二番手の人気があり、首相並みの人気を集める好漢だ。党の「広告塔」としても使える。根が純粋な気性だけに、いったん農業の苦しさを体感すれば、一気に農業保護の政策に向かって走り出すだろう。しかし「週刊エコノミスト」の平成二八年二月二日号掲載のインタビュー記事に小泉進次郎氏が「農林中金不要論」をブチまくっているのは、JAグループには強い刺激となった。なお、農林中金はTPPをにらみ「食農ビジネス本部」を新設した。九三・六兆円に達する農中の資金は、専業農家に対する営農指導等の源資となっているし、農中の国際分散投資で得た運用益が准組合員や地域住民の福祉に充当されている。この人の発言に対応する形で農林中金は、農業者向けの融資を活発化させるスタンスで「小泉進ちゃん、やるもんだ」の声も聞かれる。

TPP問題については「わしらの県では、農家は〝TPPどこ吹く風〟や」の電話が、山口県に居住しておられた農協関係の練達者・小川信氏（故人）からもたらされたとき、取材歴半世紀余に達する老ジャーナリストの筆者は「やっぱりそうか」と、受けとらざるを得なかった。その電話は、平成二六年五月の上旬、世は既に「農協解体」「全中廃止」というアベノミクス農政の嵐が、農協グループに向かって吹きつけられているさ中に受けたものだ。

もともと、農協グループが「反TPP」の全国運動に踏み切ったのは、民主党政権下の二〇一〇年（平成二二年）だった。〝平成の開国〟という唱い文句で、最終的に関税ゼロを目指すという政府の動きに、ほぼ条件反射的に朝日新聞OBの長谷川熙氏の表現（「崩壊・朝日新聞」ワック社）を借りれば「パブロフの犬」すなわち条件反射のみの学者S氏の力を借り、「反対の意思」を表明したのはJA全中を中心とする農協陣営であった。経営の大黒柱と全中が位置付けてきたコメが全滅の危機にさらされる――と、即座に農協界のリーダーたちは受けとり、反対運動の号令を全国に呼びかけ、その徹底を図ったのである。

コメばかりでなく畜産物を含めた、すべての作目が立ちゆかなくなる――というのが、多くの農協マンに共通した危機感覚のように、私には感じとれた。その頃、私は企業の経営者層やサラリーマンを対象とする『リベラルタイム』誌からの執筆要請を受けて、必ずしもそうではない実態を示した、という経緯がある。「コメは農協経営にとっては依然として大黒柱だが、ほとんどの農家にとって、今や米作は経済行為とは言えなくなっている。コメを主軸とし、栽培規模一〇ha以上のコメ専作農家は七〇〇〇戸ほどで所得は六〇〇万円程度に過ぎない」と、筆者は同誌（二〇一一年五月号）の誌面で農協サイドの冷静な判断を促していた。

昭和の時期までは確かに「コメ＋α」の時代が永く続いてきた。それで多くの農協マンは失礼ながら〝泰平の夢〟を永くむさぼってきた。しかし、平成の世に入ったあたりから、「α＋コメ」と、大半の農家は在来の経営パターンを転換せざるを得なくなってきた。その「α」は、昭和時代には野菜・果実、あるいは畜産であった。しかし、平成の世に入る頃から、そのαは、年金・給与・家賃といった農外収入のパターンに変わってきているのである。

無論、自然環境の保全に果たす水田の役割は、永年の取材経験で十分に認識している身だが、先述のとおり、米作は一部の農家を除いて採算上の経済行為ではなくなっている。米価の変動に関わりなく、従って関税の昇降にもそれほど関心を抱くことなく、また、たとえ物財費が償えなくとも家族農業としての米作は当分継続されていくだろう。もはや先祖代々の資産を管理するための米作であり、なかには転用待ちの農家も含まれると、明治学院大の神門善久教授らは見ている。この点で筆者の見方は、かの山下一仁氏（キャノングローバル戦略研）とは少しく見解を異にする。（山下氏の著書『農協解体』は安倍首相の〝座右の書〟）

コメはトータルで〝二兆円商品〟であり、農協経営にとっては有力な収入源だ。しかし農協グループの認識と個々の農家の意識には大きなズレが生じていることに、農村巡りを重ねている筆者は、いやでも感じざるを得なくなっている。既に農家の意識は、作目別に多様化しているのだ。例えば、果樹主産県である鳥取の場合、特産二十世紀ナシをアジア諸国に輸出しようとのドライブすら働いている。青森・長野のリンゴ産地、岡山、山梨、福島等のモモ産地についても同様だ。関税のハードルは低いに越したことはない。また野菜の関税は既に四％程度なので、野菜主産地のＴＰＰへの関心は当然低いままだ。しかし、畜産農家だけはＴＰＰへの加入に恐怖感を抱き続けている。これは無理もない。米国、カナダ、豪州等の大規模畜産と勝負したら〝ひとたまり〟もない。酪農生産地北海道、牛肉では北海道、鹿児島、兵庫、宮崎、福岡、岩手、豚肉では鹿児島、茨城、北海道、青森、宮崎、群馬の各県がそれぞれビッグ6である。

しかし、対策の手段が、ないわけではない。乳製品の原料を生産する酪農、豚肉、牛肉、砂糖原料のビート（北海道）、サトウキビ（鹿児島、沖縄）の価格下落に対しては、作目ごとの不足払い（国費による価格差補給金）を適用する方法がある。また、制約条件は多いが、セーフガード（緊急輸入制限）でしのぎ、十年間ほどの猶予期間を利用して、経営の合理化（コストダウンなど）を図る方法もある。これらの対策は、自民党の農林幹部会（インナー会議）の努力により実現を見ているのだ。

長期的にみれば、日本の人口は減少の一途を辿る。二〇一〇年に約一億二八〇六万人であった総人口は二〇五〇年には、約九七〇〇万人と一億の大台を割り、今世紀末には約五〇〇〇万人と、わずか一世紀足らずで、現在の四%、明治時代の人口にまで急減するのだ。

一方、地球人口は爆発的に増え、今世紀半ばには、現在の六〇億人から九三億人にまで増大すると、国連では予測している。途上国の経済の発展もあって、地球全体の食糧不足は極めて深刻になる。既に中国ですら穀類や豚肉などを輸入しているのだ。

日本農業の活路は、長期的にみると輸出の促進しかない。子供でも分かる理屈だ。長期的に見れば、TPPに、むしろ賛成し、関税を下げなければならない事態となる。その点、農業サイドの見方は、残念ながら、概して近視眼的だったと言わざるを得ない。とりわけ、今なおマルクス主義に依拠する学者連中の理論上の責任は、決して小さくない。

安倍首相や林芳正・前農相の地盤は平均点な農業県である山口だから、当初から地元の状況は見えていただろう。全国が反TPPで一本化していないという農協グループの足もとを見抜いていたからこそ、いきなり（と一般的には受けとめられる形で）〝全中廃止〟〝農協解体〟を声高に提唱してきたと、理解できるのだ。事実、正月の伊勢神宮参拝には、安倍首相も菅長官も「農協解体」を天照大神に祈っているとの官邸情報を耳にしている。

この点で毎日新聞OBの行友弥（わたる）氏が日本農民新聞に連載執筆している「食農再論」は傾聴に値いする。「これ（TPP）で潰れる日本農業なら、足元で進む生産基盤の弱体化も乗り切れまい」とする行友氏の的確な見方に敬意を表したい。たとえこの先TPPがアメリカの反対により批准されずとも、農業関係者が自らの今後の進行方向をどう採るかの、思考・判断トレーニングの機会としてTPP問題は有意義であったと、私は解釈する。

反TPP運動の〝劣勢化〟

民主党政権が倒れ自民・公明の連立政権にとって代わるようになった頃には、全中の反

TPP運動も徹底していた。しかし、反TPP運動の理論的な指導者である東大農学部のS教授の理論と行動には、私は言い知れぬ不安感と反発を感じ取らずにはいられなくなっていく。某教授は確かにアメリカの農業事情には詳しい第一人者である。しかし、関税がゼロになった場合、日本の消費者は輸入農産物が国産品より一円でも安くなれば輸入品にとびつく――というテーブル上の計算をしているのが筆者には気になった。ゼロ関税により日本の食料自給率は一四％にまで下がるという試算なのだ。しかし国産農産物の品質に信頼感を抱く消費者は少なくないはず。筆者はそのことを『リベラルタイム』誌で指摘しておいた。

某教授は、アピールに歯切れのよいところから〝ミスター岩盤〟とJAグループでは持ち上げていく。日比谷の野外音楽堂などで開催された全JAの決起集会で、某教授は鉢巻き、タスキがけでステージに立ち「TPP反対」を絶叫して万雷の拍手を受けていたようにみえた。しかし、支援にかけつけた国会議員諸氏に対して「皆さん方の胸のバッジは何のためにつけているんですか。もしTPPが実現したら、胸のバッジが泣きますよ」と叫び、議員諸氏は、共産党を除き、激怒していた。当の教授に対する東大農学部内の評判も必ずしも良好とばかりは言えないことを、筆者はキャッチしていた。某教授の日比谷での姿をテレビで見て、菅義偉官房長官が激怒していたという永田町情報が筆者のアンテナには届いてきた。

菅長官は秋田県雄勝町（現・湯沢市）の農村に生まれ、集団就職で上京、苦学して法政大学を卒業した人だ。象牙の塔からの一方的な言説は許し難かったようだ。実際のところ、菅長官の少年時代、父親が農協に相談する前に施設園芸に乗り出したため、農協から〝村八分〟をくらったとの秘話を私は現地で耳にした。今後わが国の人口は減少の一途をたどる。当然、国内の〝胃袋〟が縮小するなかで、農業が活路を求めるとすれば輸出しかない。このことも考慮に入れず、当面の問題のみに目を奪われている農協サイドにも、私は首をかしげざるを得なかった。しかし、当時のＪＡ中央の誤りを建設的に批判した私は、たちまちバッドマークをつけられ、農業界のメディアから、ほぼ糧道を絶たれた。農業経済学界は今なお「マルクス経」の王国なのである。これには私の母校・静岡高校の後輩・伊藤元重も驚いていた。

ほぼ六〇年の昔、学生だった筆者の耳に強く残っているのは、東北大、東大社会科学研究所の教授を務められた労農派マルキスト宇野弘蔵先生の言である。「理論と実践の統一と称して、ビラ配りやステッカー貼りをする学者も見られるが、社会科学者は理論研究のみが使命であり、それを超えた政治行動は慎むべきである」という〝禁欲論〟だ。こうした教訓は、もはや今日の学者たちには引き継がれていないようである。

なお、ＴＰＰ問題のような国際的事業に対処するためには、ＪＡグループも頭を切り換え、日本農業は日本経済の一部を占め、日本経済は世界経済の中にある、というごく当然のことに立ち帰ってみるべきである。以前は、ただガムシャラに農家の生存権を主張できる時期があった。農協の要求なら〝ご無理ごもっとも〟と、大方の要求はすべて〝満額〟に近い成果を上げることができた。

しかし「日本経済あっての日本農業」という現実を認めざるを得ない。日本経済がペシャンコになったら農業が生きていけるはずはないからだ。しかも日本経済も国際経済社会の中で協調した付き合いをしたければ、日本の国家エゴを引っこめなければならないのは当然だ。こんな子供でもわかる理屈が、日本の農協が判らなくても世間が十分に理解してくれ、農協の正当な要求は、食料不足の時代では消費者も無論受け入れてくれた。しかし、TPP問題も、要するに世界の政治経済の中で「米国を採るか、中国を採るか」の二者択一の問題なのである。

すでに国会では、農協派は少数に転じ、もうこれまでの「正当な要求」は通らなくなった。確かに「食は生命の源」と叫んでも、海外からどんどん食糧が入ってくる状況に状況は変化している。WTOもGATTも、元来、関税により経済のブロック化が第二次世界大戦を防ぐため関税のハードルを下げましょうという国際的とりきめなのだから、理の当然の動きをしている。日本だけは例外にしてくれと叫んでも、日本農業は年間五七七〇億ドル（約六五兆円）を産出しており、国際社会は、言ってみれば隣り組だから、日本だけ勝手にさせてくれと主張したら「何だ、日本だけの自分勝手を許すな」と言われるのが当然だ。「日本の農業だけは特別なんだ」と、例外扱いを要求しても、各国はポカンとするだけなのである。国際社会は〝お互いさま〟の世界だ。日本だけ、わが国の農業は父祖伝来の……」と言っても通るはずがない。その限界の中で、何とか日本だけは例外を認めてくれ、と言うのが我々の農政要求の姿なのだ。このような、まだ「日本の農業は経済的に苦しいのだから」という主張もなかなか通りにくい。現に、日本の農家の平均収入は一般のサラリーマンよりも上回っているのだから、説得力も欠けて当然だ。日本農業だけは特別だと叫んでも通るはずがない。「そこを何とか例外を…」と頼み込んでいくのが日本農政の実態であることに、もう日本のJAグループは目覚めなければならない。「日本の農家の要求は正しい」ことはそのとおりだが、周囲の国の状況にも理解を示し「是々非々」を唱える全中の奥野会長の立場を理解する必要がある。

やはり、これまでのJAは、職員二〇万人を抑する巨大組織で、とくに地域経済に大きな影響力をもつ。政府はJA全中の権限縮小に限定しており、地域農協にとっては、改革によって経営の赤字は増したため、現場の反発は大きい。こうした動きを調整するため、奥野会長の力強い手腕に期待したい。

農政の背後に商社と量販店の動き

〝全中廃止論〟に代表される農協解体論を打ち出したのは政府の規制改革会議である。その議長は住友商事相談役（元会長）の岡素之氏だ。住友商事は〝ニッチ（隙き間ビジネス）の住商〟と異名をとり、農業参入面でも農産物の流通面でも積極的な動きをみせている。

また一方、政府の産業競争力会議の農業分科会主査を務めるローソン前会長（現サントリーHD社長）の新浪剛史氏の動きも見逃せない。農業生産法人ローソンファームは北海道から鹿児島まで全国一八か所に農場を設け、総面積は三〇〇haに近い。全国展開は急ピッチだ。

この二人はアベノミクス農政の黒子とみられる。さらに伊藤忠商事と農業との関わりも深い。元同商事会長の丹羽宇一郎氏（前中国大使）は、歴代農水事務次官の中でも大物で知られる高木勇樹氏（日本プロ農業総合支援機構理事長）と農業観やJA改革論では一致するところが多い。〝農業にイシュー（注目点）あるところ高木勇樹あり〟の状況が続いており、筆者はかねてから「高木勇樹万有（蛮勇）引力説」を唱えている。

余談ながら、丹羽氏は名古屋大学法学部出身で、マルキスト憲法学者として高名だった長谷川正安教授の直き弟子に当たる。「スーツ姿は保守派でも、心にゃマルクスの血が通う」タイプで、氏が中国大使として政府の指名を受けたのも、このあたりが評価された結果である。氏の農業論、農産物流通論にも、氏のこうしたキャラクターが反映している。

伊藤忠は直系のファミリーマートが各地のJAと接触を持ち、赤字に悩むJAの店舗（Aコープ）の救済に乗り出す一方、伊藤忠出資のアイアグリ社（茨城県土浦市）は「農家の店しんしん」を各地に出店して、農業生産資材を割安に供給している。

このように「農協解体」騒動の陰には、有力商社や量販店の農業ビジネス参入の動きが目立つ。しかもこれら商系の農業生産法人は、要件緩和の方向を目指し、非農家の議決権を「二五％以下」から「五〇％未満」にまで引き上げよと主張した。現在は農地のリース方式に甘んじているが、近い将来、農地の所有権までも認めさせる可能性が大きい。それというのも、既に耕作放棄地は四〇万ha（埼玉県や滋賀県の面積に等しい）に及び、わが国の農地総面積四五三万haの一〇％近くに達しているから、国土利用のこのようなロスを許容する国民世論は少なく、農業サイドも、この現実を認めざるを得ない状況となっている。

弱体化に追い込まれた農協中央会

「廃止」を迫られた農協中央会の法的基盤は、実は極めて薄弱である。農協法九十五条には、監督官庁（農水省）による①必要措置命令②業務停止命令③役員改選命令から④解散命令まで列挙されており、完全な行政補助組織と法的に位置付けられている。協同組合の指導組織とは法制上は評価されておらず〝薄氷〟の上の団体なのである。こういう法的実態から「全中廃止」の声も出てきたわけだ。TPPへの反対運動に熱をあげるJA側に対して投げられた、デッドボールすれすれの〝危険球〟の法的根拠がここにある。

こうした圧力に対し抵抗している政治家が、前記のインナー会議の面々である参院議員で自民党・政調会長代理で農林水産戦略調査会事務局長の野村哲郎氏や、衆院議員で自民党内の農協の役割検討PT座長を務め、さらに農相のポストについた森山裕氏、農林部会長を務めた小里泰弘氏、ら（順不同）である。奇しくもともに鹿児島県を地盤とする農水議員であり、二階堂進、山中貞則といった実力者の流れを継ぐ農政面の実力派。安倍首相、林・前農相の地盤長州を相手に〝平成の薩長連合〟をめざすとの裏話は、実は筆者が流したものである。

結局は「王手の飛車取り」

平成二六年の五月一四日に政府の規則改革会議から提出された「農業改革に関する意見」は、総じて「農協解体」で表記されるとおり、農協組織に抜本的に〝改革〟を迫るものである。①中央会の監査機能の外部化（公認会計士による監査の押しつけ）、つまり「中央会制度の廃止」、②教育事業の外部化、③准組合員の事業利用の半減、④全農の株式会社化、⑤信用・共済の分離、⑥農政活動の外部化、⑦理事会の見直しを柱とする強力なパンチであった。

これは、平成二八年の改正農協法で四月施行が明らかになった。

この度の〝農協改革案〟の発火点は、農政史上初の農水省当局であったことが特徴的である。しかも〝言い出しっぺ〟は、農水省きっての〝切れ者〟で鳴らした前経営局長の奥原正明氏であることは明白であった。結局のところ、この度の騒動は奥原氏によるマッチポンプであった。無類の頭脳でＪＡバンク法を実現させた手腕の人であることは、銘記されてよい。注目の次期次官ポストは奥原氏が本命とみられていたが、結局のところ水産庁長官の本川一義が就任した。さて、この度の「改革」は、①から⑥まで餌が播かれたが、結局のところ③の准組合員利用半減で王手をかけ、①の「全中解体」、つまり、全中の一般社団法人化を決定づけたのである。施行は五年後の二〇二〇年度からだが、その他の②から⑥の案件も、ひとまず棚上げされた。しかしこれからは、死んだわけではない。いずれ首をもたげるだろう。油断は禁物なのである。

以下、個々の改革案について、その背景を考察し、さらに、今後のＪＡグループの事業活動の方向について展望してみる。

中央会廃止の狙い

これまで農協組織は①行政補助機関、②圧力団体、③協同組合の〝三面複合体〟であると看破されたのが、京都大学名誉教授の藤谷築次氏である。事実、農政の執行運営には農協組織の手を借りることが有力な手段だった。農業構造改善事業にしろ、コメの減反にしろ、農協の存在あればこそ、スムーズに進めることができたのは確かである。

しかし、特に平成の世（二一世紀）になってから、永田町（国会特に自民党）や霞が関（農水省）にとって、農協組織は、うっとうしい存在になっていく。「農協よ、さようなら。創価学会（公明党）よ、今日は」のムードが色濃くなってきた。なかでも中央会の存在が邪魔くさくなってきたのだ。中央会がオール農協にとって指導的立場でいられるのは、監査による経営指導を法的に任されているからだ。「この監査機能を農協の手から奪い、公認会計士にやらせてしまえ」の声が高まり実現が決まった。公認会計士も、ひところと違って弁護士と同じく、過剰気味となってきた。弁護士サイドから「職よこせ」の圧力が霞が関にかけられてきたのは事実だ。そこで「農協監査士」による農協事業監査が邪魔になってきた。

結果的には、カリキュラムに例えると、公認会計士による監査は「必修科目」、農協監査士による監査は「選択科目」にしようとする案である。

しかし、公認会計士の日当は一〇万円が相場だ。農協の負担は大幅に重くなる。これまで単位農協の監査は、平均して年間四〇〇万円程度で済んできたが、新しい監査制度に移行すると、一〇〇〇万円を超すものとみられる。

どうもこうした改革については、農協の事業監査機能への無理解が目立つ。農協法のもとで会計監査と業務監査を一体的に行うことは、農協経営上、それなりに有意義なことだった。「農協法上は、中央会による業務監査には法的な裏付けを必要としない。」とする規則改革会議の主張は、果たして的外れでないと言えるだろうか。

もともと全中による監査は、①経営相談、②監査機能の二本柱から成り立っている。中央会監査には会計監査のほか、業務監査が重要な役割を発揮しているのだ。業務監査の内容は、農協の運営にとり不可欠である。農協の不祥事を未然に防ぎ、経営基盤を確かなものにすること。これこそが中央監査の重要な任務であることを強調しておきたい。

さて、中央会は二〇一九年度から民法三四条の「一般社団法人」となる。代表調整機能は残され、行政への建議の機能や広報機能も保持されるが、教育事業（後述）は認められなくなる。形の上では、農協組織とは別団体となってしまうのだ。

これまで長く続いた与党・政府・農協のトライアングル（三角形関係）が蜜月状態である間は表面化してこなかったが、法的実態は、こういうことなのである。

こうした圧力に対し抵抗し、何とか「中央会」の名称だけは残すことができたのは、自民党内のインナー会議（農林幹部会）の力による。メンバーは同会議事務局長と政調副会長の野村哲郎氏、党農林部会長を務め、農水大臣の斎藤健氏（埼玉）」、ＴＰＰ対策委員長で元農相の西川公也氏ら実力者たちが名を連ねている。

政界で際立った動きを見せ、農林漁業・農協の利益代表として活躍している議員は鹿児島県選出の方々が特に目立つ。前記の野村哲郎氏に加え、森山裕農相、農林政務官で党の前農林部会長の小里泰弘氏らが持ち前の力量を発揮している。しかも折衝の相手方が安部首相、林芳正元農相という山口県連出の人たちだったので、これこそ「平成の薩長連合」と名付けたのは、実は私である。鹿児島選出の実力者の大先輩では、二階堂進、山中貞則といった〝大物〟が、農政史にその名を残している。

こうした農水派の尽力で、いったんは「中央会廃止」が宣伝された事態も、一応は「自律的な制度への移行」へと和らぎ、二〇一九年三月三一日まで五年間猶予付きとなった。弱体化したとはいえ、票田としての農協への配慮も当然なしとしない。

全中を孤立させるな

こうした「農協改革」の方針がいきわたるなか、全中の存在を軽視するムードが広がりつつあることを憂えた私は、日本農業新聞平成二七年五月一四日号に「全中を孤立させるな―新会長就任を機に結束を」と題するコラムを寄稿した。その内容はほぼ次のとおりである。

農協法改正案では、JA全中は二〇一九年度から一般社団法人になる。それまでは現行形態のままだが、ややもすると全中の存在を軽んずる空気のようなものが、ＪＡグループ内に広がっている気がしてならない。

全中に出向した経験のある一人として、また長年にわたり協同組合スピリットを提唱してきた者として、こうした流れは誠に憂うほかない。

先日、元全中の幹部職員Ｍ氏と意見交換したが、そのとき氏は「全中は三年に一度のＪＡ全国大会を開催し、その都度、ＪＡ運動について具体的な提案をし、ＪＡグループ全体の合意を得てきた。全中の役割は、例え法律上の形態が変わっても評価してほしい」と切実に話していた。私はＭ氏の豊富な経験を踏まえた見識に心からの敬意を払うものである。

もし、全中の存在が無視されるような事態になったら「ＪＡグループは、それでも協同組合組織と言えるのか」と、世間から嘲笑されてしまう。やはりオールＪＡは、全中の代表調整機能を従来どおり重視し、形態が変わろうと、新会長の就任を機にさらに結束を固め、全中を中心に活動を展開していくべきだろう。

ＪＡの存在理由は、①地域の相互扶助を徹底させる、②「食」すなわち生命の根源として役割を果たす、③環境保全の実践組織として水田農業を守る、④直売所などの運営により地産地消の役割を果たす、ことにある。

特に過疎化に伴う〝買い物難民〟の解消や高齢者福祉の強化など、いわゆる「地域マネージメント」に力を入れていくことは、今後のＪＡ改革の柱とすべきだろう。これは藻谷浩介氏（日本総研）がアピールしている「里山資本主義」にもつながるし、「里山人間主義の出番」をアピールする指田志恵子《さしだ》さんも同じ路線だ。

「里山民主主義」と関連する「地方創生」から生まれた新語が「リバウンド」（反転）である。これは、日本の自然美に憧がれて海外から外国人が訪日する現象を指す。言うならば「ハネ返り収入」が農村をうるおしている現象を意味する。「日経ビジネス」誌の二〇一五年一一月三〇日号は地方創生の商機は地方にあり、優れた農協が積極的に取り組む数々の事例を積極的に紹介している。

またビジネス誌「リベラルタイム」の二〇一五年一〇月号は「地方創生で稼ぐ！」の特集を組み、徳島県上勝町《かみかつ》や千葉県香取市の成功事例を紹介している。

ＪＡのガバナンス（経営力）強化のために、理事選出で、①担い手枠に生産部会、農業生産法人、ＪＡ青年部の代表を含めること、②女性枠の確保、③地区選出枠の農業法人のリーダーや認定農業者を誘い込み、営農活動の中心的存在とすることが重要だ。しかし、これはあくまで各ＪＡの主体性尊重が前提条件であり、上からの押しつけは頂けない。

私論だが、協同組合の目標は、①福祉の強化、②環境の保全、③政府や巨大資本に対する拮抗力の発揮にある。フランスの経済学者トマ・ピケティ氏が主張する格差拡大への防御策も協同組合本来の役割である。また、農業や地域、組合員との結び目としてＪＡが果たす役割は、①地産地消の結び目、②農地集積の結び目、③福祉活動の結び目、である。②はＪＡ出資型法人が重要な役割を果たす。農地を集積してオペレーターとして力を発揮する人に、法人運営の能力まで期待するのは酷で、これはＪＡの能力に委ねる方が実践的である。③は前述のとおり、特に過疎地対策で実力を発揮してほしい。

ＪＡは極めて重要な役割を担っており、全中、全国連（全農、共済連など）、さらには都道府県連合会もこうしたＪＡの活動を補完していくべきで、ここに存在理由がある。

教育事業外部化の方向

協同組合の教育事業は、戦前の産業組合時代から今日まで、さまざまに変化しながらも続けられてきた。当初は産業組合学校、戦後は協同組合学校、さらに文部省の認可を得て昭和三〇年、協同組合短期大学となったが、美土路達雄教授（朝日新聞の勢いを盛り上げた美土路昌一氏の一族）の、極左偏向教育が、昭和四四〜五年、ときの宮脇朝男全中会長からの批判を招き、短大は廃校。昭和四六年、中央協同組合学園（東京都町田市）が発足した。しかし、受験応募者の激減により平成一二年三月をもって〝廃校〟の憂き目をみた。残念ながら教育事業に関する全中の機能の低落を象徴している。

一方、東京・品川区に新設された農林中金の研修センターは、役職員への経営実務教育の新たな〝本丸〟として脚光を浴びるようになっている。つまり教育活動の実質的な主体は、全中から農林中金に「外部化」されている実態を与党や農水当局に見抜かれているのだ。

准組合員利用半減化の背景と狙い

農協法上、正組合員のほかに「准組合員」を認めているのは、確かに世界でも類例のない制度だが、そのルーツは二〇世紀初頭（明治三三年）に制定された産業組合にある。当時の産業組合は広く地域の人々にも組合への加入を認めていたのである。戦後も当初は、地域社会にも商店や金融機関が少なく、こうした人々への便宜を図ろうという趣旨から准組合員制度を発足させたのだった。

やがて都市化の進展で准組合員の占める比率が五〇%を上回るようになり、これが同じ地域内のスーパーやコンビニなどいわゆる量販店にとって営業上、農協はさしさわりのある存在とみられるようになった。政府もこの現状を黙視できず、准組合員の農協利用を半分にしよう、との主張をするようになった。量販店等を有力な支持基盤とする政府・自民党は、規則改革会議の提案という形をとって、都市農協に「改革」を迫ってきたのだ。

もし、この案が実現すると、実質的には、ほとんどの農協は経営を継続することは不可能だ。現実には「准」が「正」を上回っている。特に都市農協は、事実上〝倒産〟の危機に直面せざるを得ない。この点でも、自民党のインナー会議は強い抵抗の姿勢をみせ、やはり五年先に棚上げとなった。しかし、これまた、五年先に蒸し返される心配は、なしとしない。農協陣営としても、この先「准組合員」の共益権（議決権、選挙権、被選挙権）を認める方向に進まざるを得ないだろう、

全農の株式会社化の狙いとその背景

年間五兆円台の取扱高を誇るマンモス連合会の全農だが、かつては八兆円台にのせていた時期があっただけに、長期低落傾向にあることは否定できない。

この全農の株式会社化については、〝現状追認〟との見方もある。現に、関連会社数は、統合化を進めているものの、一〇〇社程度は実在する。全農の事業のうち、〝安泰〟な事業は、やはり購買事業で肥料五〇％、農薬四〇％、飼料三〇％という三本柱に揺るぎなく、プライスリーダーとしての力は保持している。反面、販売事業はコメも四五％のシエアに転落し、事業の多くが県域どまりとなっている。北海道、静岡、愛知、福井、熊本、宮崎、鹿児島の七道県では「経済連」（北海道はホクレン）に留まり、それぞれ経済事業では成果を発揮している。全農が株式会社化されると、当然、独占禁止法の適用除外が不可能となり、ＪＡグルー

プの共同販売や共同購買事業の論拠が否定されることになる。

全農の株式会社化は、むしろ序盤戦であり、真の狙いは農林中金の株式会社化だ、とする見方もある。そうなれば株式の移動に国境はない。農林中金がウォール街の国際資本に呑み込まれる危険すら否定できないが、「農林中央金庫法」という法で守られている。農中は、株式会社化される可能性は少ない。しかし、全農の株式会社化は、今回棚上げとなっているが、大きな不安要因であることは否定できない。

全農を含めた流通資本の存在を脅かすのがネット通販の「アマゾン」(社長・J・パン氏)だ。現在は図書の流通を手掛けているが、やがて食品流通に手を延ばすという不気味な情報も流れている。今世紀半ばには農協の機能を邪魔する存在となる可能性は大だ。この侵入を防ぐには、組合員のニーズに的確に応える事業活動をおいて、ほかにないことは明白だ。

信用・共済事業の分離は何を狙う?

規則改革会議は、単位農協から信用事業と共済事業を分離せよ、との提起もしていた。この、いわゆる「信共分離」は、単位農協を農林中金やJA共済連の代理店化をせよという趣旨である。既に実際問題として、単位農協が稼いだ資金の運用をしているケースは少なくなっており、ほとんどは農中なり共済連に送り込まれている。つまり「現状追認」とみることもできる。しかし、この結果、単位農協の内部留保は、著しく減少させられている。

この先、共済事業では、共済金の支払いは共済連が責任をもって行う「共同元受け」の方式を採り、その分、ＪＡの事務負担を軽減させるシステムを実行することになった。

問題は、単位農協における事業の失敗や横領背任事件で欠損が生じたとき、その処遇を農中なり共済連が負担するリスクの発生である。こうした事件発見時に当該役員の刑事責任問題をどう処理するかも、大きな不安要因と言える。

この問題も、ひとまず棚上げとなったが、農中はともかく、ＪＡ共済連は年々の満期支払ののち、後継者世代の都市への移動により、契約更新の可能性が乏しくなり、先細りが心配される。だが、総額五〇兆円の資産の力は軽視できない。低金利の時代だけに国内での資金運用は厳しく、リスク覚悟で海外での運用を選択せざるを得ないだろう。しかし、共済連の場合、実質的には相互会社システムなので株式会社化の道はなく、この点で心配は無用だ。

阪神淡路、東北そして熊本と大震災の度に、建物更生共済（タテコー）は威力を発揮し、ＪＡ加入者にとり大きな助けとなっている。協同組合ならではの相互扶助の精神を生かす、ＪＡ共済への期待はやはり大きい。

福祉の時代、すなわち弱者救済の時代だけに、ＪＡ共済の責務は、引き続き重大である。

しかし、ＪＡ共済の場合、メットライフ、アメリカンファミリー、プルーデンシャルといった、いわゆる外資系保険会社との競争は、容易なことではない。それだけに、組合員の結束による事業強化に期待したい。

農政活動の外部化

これまで、全中自体が農政活動の司令塔となってきた。「昔陸軍、いま農協」の合言葉さえ生まれるほどだった。また「圧力団体」との呼称も定着していた。しかし、全中の主導権は、実質的には全国農政連に移され、現在は山田俊男氏（元全中専務）を参議院に送り込んでいる。山田氏は、自民党農林部会長として、持ち前の手腕を発揮してきたが、これから七月に予想される参院選に立候補するJAグループ代表、藤木しんや氏（熊本県JA上益地域会長）の当落も、予断を許さない。

いずれにせよ、この先JAグループが再び〝圧力団体〟として、かつてほどの実力を発揮できる局面は見られなくなりそうだ。問題は、一般社団法人となる全中が、どれほどのリーダーシップとパワーを持ち得るかにかかっている。

今後の農協運動の課題と改正農協法

営農面の活動としては、集落営農の法人化、具体的にはJA営農型農業生産法人化を積極的に図っていくことが望まれる。我が国の農業集落は、ひところ（昭和時代）までは十四万と言われていた。しかし、もはやその多くは集落ごと耕作放棄地となっている。

現在、農業集落は、全国平均で農地四〇ヘクタール、農家三〇戸（うち専業農家は一〜三戸程度）。多くの兼業農家の農地を少数の専業農家に集積させ法人化させる戦略しかない。そのために農地中間管理機構（農地集積バンク）も発足したが、今のところ成立数が少なく大きな力を発揮していない。コントラクター（耕作契約者）ないしは、オペレーター（農業機械の運転者）は、必ずしも法人経営のマネジメントに長けているとは言い難い。そこで、法人の経営は資本ごと農協の手にゆだねる「JA出資型法人」を今後の農業生産の中核としなければならない。この方式は東京農大教授谷口信和氏が、東大教授当時から永年にわたり調査活動を重ねて、導き出した結論でもあり、私は谷口氏の提案への敬意を惜しまない。

生活面活動は、少子化の増大に伴い、過疎地の〝買い物難民〟や高齢化した農家に救済の手をさしのべる〝地域マネージメント活動〟がキイとなる。これは宮城県立大副学長を務めた大泉一貫氏の主張でもある。直売所活動の活発化、地域の量販店とタイアップした生活購買活動もさらに重視する必要がある。

「お天気と農業は、西から変わる」という〝格言〟があるが、農協組織も西から変化（統合）をみせている。既に、奈良、香川、沖縄、佐賀、大分、島根、山口の各県が一県一農協の形をとり、ゆくゆくは日本全国がこのパターンとなるケースが増えるだろう。これは、最近話し合った鹿児島県選出の参議院議員、野村哲郎氏や新農水副大臣、斉藤健氏も筆者と同じ考えであることを確認できた。また、東大名誉教授佐伯尚美氏の持論でもある。

過疎地を抱えない都道府県は存在しない。東京都といえども、檜原《ひのはら》村という大過疎地がある。今後、これら過疎地域に向けての救済活動も「地方創生」の要請に応える地域マネージメント活動となり、農協運動の大義名分（存在理由）の一つとなり得る。

「一県一農協」は協同組合らしさを失うと言う学者諸氏もみられるが、私は、こうした見方に異を唱えている。地域の共同活動の拠点として、支所・支店・営農センターが機能を発揮し、いわゆるＴＡＣ（とことん会ってコミュニケーション）の活動を活発化すれば、組合員にとって、農協は必ずしも〝遠い存在〟とはならない。現に、ほとんどの生協もこの形が多い。

農協経営の区域が広がるから〝農協の存在は遠くなる〟と考えるのは、これまでの思考パターンに囚われたものと言える。農協の経営の区域と組合員との密着度には、直接の関係はない。大切なことは、農協と組合員との「フェース・トゥ・フェース（顔と顔）の関係を強めることだ。現に生協の多くは県域を活動の区域としている。

新しく全中会長に就任した奥野長衛氏（三重県・ＪＡ伊勢組合長）の持論は「現場重視の

ボトムアップ型組織運営」である。組合員目線で、農家の所得増大に努め、多様な担い手への支援対策の拡充こそ、二一世紀半ばに向けての、農協事業活動の目標とすべきだ。

ＪＡ全中の新会長に奥野長衛氏が就任したことで、農協運動の潮目は確実に変わるだろう。諸問題を政治家に、賛成か反対かと〝踏み絵〟を迫る対決姿勢から〝脱出して、政治家と対話していくことの重要性を主張される新会長のスタンスに〟心からの賛意を表したい。

ＪＡ全中・奥野新会長への期待

規則改革会議からの改革案で二〇二〇年度から一般社団法人となるＪＡ全中（全国農協中央会）の役員改選が八月一一日の臨時総会で行われ、ＪＡ三重中央会の奥野長衛氏が新しく選任された。この度の役員改選により選出された全中の役員体制は、まさに従来の農協色を一新するもので、その展開方向が大きく注目される。

まず奥野新会長は、前任の経営陣のカラーを払拭するスタンスを大胆に打ち出した。前執行部は、東大農学部のＳ教授を理論的支柱とし、もしＴＰＰ交渉で輸入関税ゼロが実現したら、わが国の食料自給率は一四％まで落ちるとする同教授の学説を正面に掲げてきた。

確かに乳製品、食肉、砂糖原料の産地は致命的な打撃を受けることは事実だ。しかし、一〇年に及ぶ猶予期間、国産農産物に実施する作目別の価格補てん（不足払い制）を活用し、さらにセーフガード（緊急輸入制限）を発動すれば、かなりの程度、ピンチを防ぐことは可能だ。これらの対策は、野村哲郎（鹿児島）、斉藤健（千葉）、西川公也（栃木）、小里泰弘（鹿児島）の各氏を中心とする自民党のインナー会議（農林幹部会）の力によるところが大きい。長期的には人口減の時代を迎え、むしろ輸出の拡大が日本農業の活路となる。奥野新会長は、このあたりを着眼点として、TPP交渉の妥結を見据えた対応策を打ち出す。

基本的に、奥野会長のスタンスは、次の点に集約できる。

① 地域社会の声を踏まえたボトムアップ。

② 東京中心のピラミット構造（上意下達）を改め、組織の風通しをよくする。

③ 従来の全中理事会の不適切な運営のあり方への批判。

④ 政府との対決路線から対話路線にカジをきる。

筆者は、永田町や霞が関に、いくつかのニュースソース（情報源）を持つ。奥野会長は、前記の自民党インナー会議の面々からも真意が理解されつつある。これからの農協路線は、農業経営を農協パワーで守り抜くことを基本的なスタンスとしながらも、譲るべき点は譲り主張すべき点は主張する、という現実的な路線をとるだろう。

何やかやと農政問題が山積している昨今だが、そしてアベノミクスの宣伝カーと悪口を言う某革新政党もあるが、委縮気味の農協路線に〝カツ〟を入れる奥野新会長の力量に心より期待したい。

改正農協法の概要と将来への不安要因

平成二七年八月二八日の参議院本会議で農協法が改正された。この法律により平成三一年九月末までにJA全中を特別民間法人から一般社団法人に移行させることになった。これにより、JA全中の監査・指導力の源泉となってきた全中の監査・指導がなくなる。これが、この改正農協法のキモである。全中の統制力を弱め、地域農協の経営の自由度を高めることで、国内農業の競争力を図ることをこの改正は強調している。

そもそも全中の一般社団法人化には、農水省による仕掛けがあった。つまり、准組合員の利用制限と、全中解体のどちらかを選択させる〝王手の飛車取り〟が行われたことも、これで明確となった。いわば、農協を農業の専門・運営組織につくり変えようという政府の意図が、この法改正によって明らかになった。全中も監査機能を外され、農協組織から弾き飛ばされる形となった。この改正農協法により、中央会制度のもとでも県中と全中が一体となす法的支えは、なくなってしまった。これからの全中には、明確に総合調整機能と代表機能を果たすという命題に取り組むことを切に期待したい。

改正農協法は、必要以上に農協の職能組合としての色合いを強め、ついに地域を支える協同組合としての性格を弱めるような方向に進むことが、まことに懸念される。准組合員の事業利用を問題視する〝空気〟が感じられてならない。これでは、この改正法が、将来、准組合の利用規則にまで及んでいくことも考えられ、まことに不安である。

また改正農協法は、単位農協の理事の過半を認定農業者らにする理事構成見直しの例外規定を定め、農協監査士の選任方法を改めたこともその柱の一つと言える。

さらに改正農協法は、農協に対する公認会計士監査を義務付け、都道府県中央会の連合会化、全農の株式会社への組織変更、農協理事の過半を認定農業者や農産物販売等のプロとすることも定めた。要するに、平成二六年六月に閣議決定された、政府の「規制改革計画」の具体化である。

政府・自民党は、農協が農業に従事する准組合員への営農指導よりも信用事業などに力点を置く要因になってきたと、農協の在り方を批判してきた。政府は今後五年間で、准組合員の利用実態を調査したうえで、准組合員への利用制限を検討する方針である。政府は、これまで、全農が、農産物の品質に関わりなく、同一条件で販売してきており農家の意欲をそぎ、農業の成長を拒んでいたとみてきた。

しかし、全農の株式会社化、准組合員の事業利用制限、さらには信用・共済分離といった事項は、今回は見送られたものの、政府としては、これはあくまで、一時的な棚上げのつもりである。五年後には、再びこうした「改革案」が浮上してくることは、かなりの程度予測される。それだけに油断はゆめゆめ禁物である。

改正農協法付帯決議のポイント

平成二七年八月二八日に改正が決定した新農協法改正案は、次のとおりである。

① 農業所得増大のため、農産物の有利販売・生産資材の有利調達の達成。そのために、協同組合組織の発展を進めるなかで、農協が自主的な改革に全力で取り組むことを基本とする。

② 農協の理事構成に当たっては、制度の趣旨を踏まえつつ、組織・運営の自主性を最大限に尊重し、関係者の意向や地域の実態に即した、適切なものにする。

③ 准組合員の利用の在り方については、農協法第一条の目的を踏まえるとともに、正組合員数と准組合員数との比較などをもって、違反の理由としないなど、地域のための重要なインフラ（社会資本）としての役割や関係者の意向を十分に踏まえること。また、改正後の農協法第七条について、准組合員の事業利用を規制するものでないことなど、その改正趣旨を適切に周知する。

④ 農協法第一条の主旨は、「農業者の協同組織の発展促進」にある。その観点から、農

協の組織変更は、あくまで選択項目であり、決して強制的なものではないことを周知徹底させる。株式会社への組織変更については、省令において、定款に株式会社譲渡についての制限ルールを明記する。

⑤ 農協。全農は経済界との連携を図り、農業の発展と農家所得の向上に役立つ経済活動を積極的に行う。

⑥ 農協・信連・農林中金は、担い手の新しい資金需要に適切に応えられるよう農業融資に積極的に取り組む。

⑦ 全中監査から公認会計士への移行に当たっては、農協の監査費用の実質的な負担が増えないよう配慮することが望ましい。さらに農協監査士の専門的技能が生かされるように配慮する。

⑧ 今回の農協改革に伴い、税制に関しては万全の措置を講ずる。

⑨ 農協をはじめとする我が国の協同組合の目的・理念について国民的な理解が深まるよう努力する。また、農協に関する政策を含む具体的な農業政策の決定に当たっては、食料・農業・農村政策審議会の意思を尊重する。

⑩ 農協系統組織は、協同組合に対する誤解を生じさせないよう、あらゆる面で公平・公正な運営に努める。

以上のような付帯決議により、改正農協法の適用については、さまざまな不安を解消する方向を目指してほしいと、改めて願わずにはいられない。

農協改革を踏まえた今後の課題

諸問題の背景にあるもの

人口増加と経済成長による世界の食料需要の増大という問題が背景にある。それに農業者の高齢化・世代交代により、農業生産の低下が避けられないが、それだけに、その対策が急がれる。超高齢化そして人口減少社会への対応も迫られている。組合員の世代交代と組合員構成の変化への対応も要請される状況だ。ついにTPPも長期戦の末また、呑まされることは避けられないが、それだけに農政も国際化への対応が求められる。五年前に生じた東日本大震災からの復興にも、全国の農協からの復興支援が望まれる。

政府は平成二六年六月改訂の「農林水産業・地域の活力」と「農協改革」を踏まえたJAグループの課題については、次の諸点が注目される。

JAグループは平成二四年の第二七回全国大会決議を踏まえ、①農業者の所得増大、②農業生産の拡大、③地域の活性化を活動目標の三本柱とする。さらにJAグループ全体の自己改革を強調して、その実践方針が決議された。こうしたなかで、政府は「農林水産業・地域の創生プラン」や「農協改革」の推進を決定している。「農協改革」では、①単位農協は、農業者の所得向上に向け、農産物の有利販売と生産資材有利調達に最重点を置いて事業運営をする。②連合会・中央会は単位農協を適切に支援する観点から、事業活動の在り方を見直す。③こうした考え方に即した自己改革をＪＡグループに強く要請し、必要な法制度の整備を行う――との方針を決定している。

平成二七年の法改正は、単位農協の事業運営の明確化、理事会の構成、組織変更規定の導入、中央会制度の廃止、公認会計士監査の義務付けなど、ＪＡグループの事業・組織の根幹にかかわる大幅な法改正となった。この改革に関し、与党のとりまとめは、農協は重大な危機感をもって、農業者の所得向上に向けた自己改革を実行するよう強く要請する。」と言明している。

ＪＡグループに求められていること

農業を取りまく情勢が、急激に厳しさを増すなかで、組合員から農協に最も重点的に強化してほしい事業として期待されている課題は、営農指導、販売事業、購買事業などである。また、「農協改革」においても、政府・与党から、農業者の所得増大に向けた営農・経済事業の積極的な展開などの自己改革を求められている。

営農・経済事業については、これまでも環境変化に即応した事業方式の改革・強化が進められてきた。しかし、農業者の減少と担い手経営体への生産と販売の集中など、農業構造の変化、食生活やライフスタイルの変化などが急激に進んでいることを踏まえ、これまでの取り組みについて改めて点検し、組合員を先頭に役職員の意識改革を行い、各農協の創意工夫により、自己改革をさらに加速化する必要がある。

連合会・中央会も農協のこうした自己改革を支援・補完する観点から、徹底した取り組みを行うとともに、その事業の在り方を見直す必要がある。とくに今回の法改正で、農協法に基づく中央会制度は廃止され、平成三一年九月までに、自律的に新たな中央会に移行しなければならないことから、ＪＡグループの総意に基づいて、結集軸としての新たな中央会を構築する必要がある。

農業生産基盤が急速に弱体化していくことが強く懸念されるなかで、組合員の期待に応えるとともに、安全・安心な国産農畜産物を、これからも安定的に供給し、国民的な期待に応えていくために、持続可能な農業の実現を目指し、ＪＡグループの総力をあげて、農業者の所得増大、農業生産の拡大を自己改革の最重点課題として取り組む必要がある。あわせて地方経済が落ち込んでいるなか、協同組合活動による地域の活性化に取り組むことも必要だ。このほど開催された第二七回ＪＡ全国大会決議は、その方向を正しく照らしている。

日本農業の実相としては、担い手の減少が加速的に進んでおり、担い手の育成・支援などの急速な強化が求められている。しかし、農業者の所得増大を支援する販売事業の強化策は五五％、担い手渉外チーム設置は五一％、担い手対応の事業連携は二七％に留まるなどの状況がみられるだけに重点的な強化の必要性は強まっている。

また、地域の活性化実現に向けては、具体的な施策についてバラツキがみられる。今後も引き続き地域の実態を踏まえて、総合事業によるインフラ（社会資本）機能の発揮、生活活動などに強力に取り組む必要がある。

さらに施策に実践については、農協における施策の具体化と目標の設定などに課題が山積しており、ＰＤＣＡサイクルがうまく機能していない。つまりｐ：プラン（plan）、Ｄ：実行（do）、Ｃ：評価（check）、Ａ：改善（act）を意味することも、一応ここで確認しておきたい。さらには中央会・連合会の単位農協への戦略・策定・実践にかかる支援にしても、必ずしも十分とは言えなかった。このあたりも反省と強化が今後の課題になるだろう。

今後のＪＡグループが目指すもの

農協は、組合員が出資・運営し、自らが必要とする事業の利用を目的とする組織だ。正組合員である農家の営農と生活を支える総合事業を今後も強化し、合わせて准組合員（地域住民）が必要とする生活面のサービスを提供している。農協は、こうした正組合員を対象とした総合事業により、効率的な事業運営や組合員に対する質の高いサービスの提供を実現し、農業の振興、地域の振興、農業・農村の多面的機能の発揮などに、重要な役割を担ってきた。

地方に人口減少や超高齢化社会、農業生産基盤の急速な弱体化など、厳しい環境下で、農協が引き続き、こうした役割を発揮するためには、農協が総合事業を営み、そこに住む人の力のすべてを結集することが必要であり、今後とも農業者や地域住民が一体となった共同活動の実践が強く求められている。

最も懸念される都道府県中央会の問題点

一連の「農協改革」問題で、筆者が最も心配しているのは、実は県段階の中央会が抱えるいろいろな問題点についてである。

まず、県中央会の職員の平均年齢が四八歳にまでなっていることだ。いうまでもなく若い世代の採用が減っているためである。やはり、中央会の存在が全般的に危なくなっている。なぜ、県中央会の経営が先細りなのか、これも申すまでもないが、賦課金収入の減少傾向のためだ。それに一農協当たりの収益が下り坂にあるから、中央会における収入減も避けられない。このため、人件費に多く予算を配分することができない。結局、多くの中央会は職員の人減らしで対応せざるを得ない。その結果、どうなるか。職員一人当たりの仕事の分量は増えるばかりで、気分的にも、余裕がなくなる。仕事に追われるからだ。結局のところ、底知れない悪循環の世界になっているのだ。

私が経験したケースについて述べてみよう。某県中央会のケースだが、私は昭和八年生まれなので、戦前、戦中、戦後の世相については、痛いほど知っている。それでナツメロ、浪曲、落語などで辿る「昭和の語り部」なる企画（歌などの実演も入る）のレジュメを作成し、日本農業新聞の地方版で取り上げていただくための教育文化活動（生活活動・広報活動も含む。）の担当部長にお送りした。その部長は多忙なため、そのレジュメに目を通さないまま、私の参上を待ち受けてくれた。しかし、私の説明のなかには、ナツメロ、浪曲、落語の実演も入っている。そうしないと、この企画の具体的内容がわからないからだ。しかし、その部長や広報担当者は、私の相談の趣旨がわかっていないから、会議室一つ用意してくれていない。事務室の一隅で勤務時間中に歌などを歌うわけにはいかない。結局、私は当初の目的を果たせず時間の無駄をしたことになってしまった。

また、この中央会では、広報の担当者は私の提案を、プログラムのタイトルだけ見て、「浪曲節なんか、農協の教育事業と、何も関係ないじゃないですか」と一方的に言っただけでガチャンと受話器を切ってしまった。この担当者の行為は、一見正しいように思われる向きもあるだろう。しかし私の説明しようとしたのは、次のような内容であった。

つまり、ナツメロの中には、戦後、人気のあった農協婦人部の歌も入っている。この歌は、昭和三六〜七年、農協婦人部員が一人一〇円の資金カンパをして集まった三六〇〇万円、各連合会からの援助金も含めると、五〇〇〇万円を超えていた。当時の五〇〇〇万円は、今の五〇億円くらいの価値がある。

この資金を元に当時名作映画と絶賛された「荷車の歌」を全国農協婦人組織協議会〈会長・神野ヒサコさん〉が制作した。原作は山代巴さんという兵庫県の農家の主婦で、まだ封建的だった当時の農村、家族制度のもとに、様々な苦労を強いられ耐えしのんだ涙の記録であった。演出は、山本薩夫という名監督であった。この映画を作るエネルギーといったのが、当時三五〇〇万人の婦人部たちが歌った歌なのである。〽そよ風に　そよ風に、やさしく香る黒土の……で始まる歌詞で、部員たちは愛唱された名曲であった。

昭和の世相を語るには、当時の大衆に人気のあった浪曲「清水港の次郎長」「森の石松」など、広沢虎造による語りも欠かせない。いろいろな内容を盛り込んでこそ、昭和の世相というものは描かれる。それなのに「浪曲」の一文言を見ただけで、その若い広報担当者は拒絶反応の電話をよこしたのである。

私が長い間、編集に携わった「家の光」は大衆雑誌で、協同組合の大切さをアピールする誌面を通じて行ったものだ。一八〇万人の読者に愛読されて「隠れたベストセラー雑誌」との定評を得ていた。しかし、農政問題や農協運動の固い解説記事だけでは読者に喜ばれるわけがない。芸能スポーツなどの〝軟派読みもの〟も大事な要素である。

私の企画も同じことであり、固い農業・農協問題だけでは、聞く方は居眠りをしてしまうのが落ちだ。そのため、落語・浪曲などを盛り込むのは、世相を描く企画としては欠かせない。しかし、いわば大衆運動の基礎的な事柄を、某県中央会の若い広報担当者は、何もわきまえていないのだ。無論、この若い担当者を責めるのも気の毒である。文章を隅々まで読む時間的余裕がない。極端に多忙なためである。

こうして県中央会の仕事は、多忙を理由にして空転していく。これでは、組合員から見離されるわけである。そうではなくても、とかく中央会の存在理由は、これまた忙しい単位農協役職員や組合員からは理解されていなくなっている。いわば原因が結果となり、結果が原因となって、県中央会の存在感が薄れ、指導性は失われていく、無論、例外はある。私の取材経験では、青森、山梨といった県の中央会活動は、かなり衰退が目立つが、例えば宮崎、鹿児島など、南九州の農業地帯の中央会の活動は、経済連ともども元気いっぱいである。

しかし、例えば、活動の活発な山口県や島根県の中央会ですら〝一県一農協〟になって吸い込まれた。人口減、過疎化の進行により、組合員の数も減り、一農協当たりの貯金残高を含めて資金量も減少の一途を辿っている。それで、窮余の一策として〝一県一農協〟に統合するしかなかったのだ。奈良、香川、沖縄、佐賀、大分の各県も事情は同じである。

無論、〝一県一農協〟を一概に非難することはできない。問題は組合員とのフェイス・トゥ・フェイス（顔と顔）の人間関係の結びつきであることは既に述べた。これは農協の経営規模とは関係がない。そのためにTAC（とことん会ってコミュニケーション）活動を緊密にすることだ。よく、「〝一県一農協〟になったら、農協は組合員との距離が遠くなる」という一見最もらしい〝学説〟（？）を学者センセイたちはのたまう。しかし、これは支所、支店、営農センターなどの役割を軽視した空論であることも前述のとおりだ。

結局、人口減少傾向は避けられないトレンドだから、今世紀半ばには、多くの県が、〝一県一農協〟の方向に進まざるを得ない。

なお、JAグループに対し「週刊エコノミスト」誌二〇一六年三月一日付でJAに対し異常なまでの関心を示し、「猶予五年」と、痛烈なタイトルの特集を組んでいる。「政治力のJA全中・集票力試される正念場」とのサブタイトル付きだ。農協金融改革については花田真理記者が女性としては痛烈な農中批判、さらには「農業が遊離した都市農協」と大胆な記事を書いている。また、この特集では、政界の実力者として知られる二階俊博氏が小泉進次郎氏との対談で怪気炎をあげている。

三橋貴明氏の『亡国の農協改革』が示すもの

三橋貴明氏著『亡国の農協改革』という本が飛鳥新社から出され、話題を呼んでいる。同著のキモを集約すると、

①アメリカの金融界にとっては、最終的には日本の農林中金やJA共済を呑み込んでしまうことが狙いである。

②「全農」については、世界の穀物メジャーが株式会社化と買収をしようと、情熱を燃やしている（これは石井勇人著「穀物メジャー」（日経BP）にも詳しく紹介されている）。外国資本までが農業生産法人の認可を求めている。この法人には、資本の四九・九％まで、外資系商業資本の投資が認められている。

要するに、日本ほど農業を保護していない国はない。もし、「食」が外国資本の手に牛耳られたら、地域は消滅してしまう。日本の食料安全保障は、これら外資系資本によって解体されるかもしれない。こんなことは許されてよいはずがない。――と、三橋氏は強調しているのである――。

農協非難の本ならゴマンとある中、農業サイドでない出版社から、このような本が出されたとは、極めて意外性に富んでいる。私は、同じジャーナリストとして、著者の三橋氏に、

最大限の謝辞を送りたい。まさに氏は〝百万の味方〟である。この極めて貴重な提言を支える参考文献として、本書も位置づけられることを願わずにはいられない。JAグループにとっては、まことに心強い理論家が登場してきたことを大いに歓迎し、喜びたい。

一方、反農協を精密なデータをもとに分析し、反面教師としてのド迫力を持つ本が“ケンカ太郎”の異名をとる論客・屋山太郎氏（元時事通信）の著書「安倍晋三興国論」（海竜社）である。その指摘のほとんどは事実だが、私として賛同できないのは、農協のゾーニング（管内区域）問題と准組合員の存在を否定している点だ。農協と行政は相互補完関係にあり、また地域組合は産組以来の伝統であるからだ。

JAグループで、楽観を許されない事業はJA共済だ。長期共済契約高は二〇〇〇年の三八九兆円からピークアウトを続け、二〇一二年には二九七兆円にまで落ち込んだ。今後共済連を待ち受けているのは、三〇年もの等の満期支払いで、農外の企業に就職した子弟の契約更新は期待薄。支出増大が見え見えのうえに、簡保やアフラックメットライフ等、外資系保険の挟み討ちもあって、シエアダウンは避けられない。しかし、三・一一震災の際、総額一兆円の共済金支払いで〝相互扶助〟を掲げる協同組合ならではの本領を発揮したことは、特記されてよい。JAグループの経営を支えるのは、何と言っても九三・六兆円の資金量を誇る農林中金と五〇兆円の資金を持つ共済連の資金運用益だ。農中はリーマンショックで、二兆円を超える損失を負ったが、系統組織の大黒柱である点に変わりはない。しかし、長期的にみると、高齢化により「貯蓄を取り崩す」高齢者の比率が上昇するから、苦難が待ち受けている点は、他の金融機関と変わりない。国際会議の世界では、JPモルガン・スタンレー、ゴールドマン・サクスの両証券資本がイニシアティブをとり日本郵政の株を買い占め、日本の金融を丸ごとを我が手に占める動きが活発だ。全く油断のできない情勢なのである。

反省と改革への手がかり

前述のとおり、JAに対し厳しく攻撃する規制改革会議や産業競争力会議の提言に対し、「やはり全般的に協同組合の役割に対する評価がいささか低過ぎる」と、複雑なお立場ながら元農水事務次官の上野博史氏は率直に語っておられる。筆者も同感である。

JAグループはこの先、自己改革の道をひた走ることになるが、筆者は次のような改革を例示的な方向に考えている。

①**営農面活動**…一集落三〇ha前後の農地を二〜三戸の専業農家に集積して機械等のオペレートに委ねる、集落営農法人が一般的となるが、これらの耕作者に法人のマネージメント能力まで期待するのは無理筋。やはりJA出資型法人が正解だ。この点を最初に提唱された東京農大教授・谷口信和氏の研究は先見性に富み的を得ている。

②**生活面活動**…買い物難民化する過疎地の高齢者などに向けて福祉重点の活動を強化し協同組合らしい相互扶助の特色も発揮していくことだ。日本農業新聞の論説では、「農の福祉力」の強化を主張しており、深い共感を覚える。これは藻谷浩介氏の提起する「里山資本主義」にも繋がる道である。これらを「地域マネージメント活動」と位置付けて、農協の活路と把える宮城大学教授・大泉一貫氏の実践的な打開策に賛同したい。その意味でJA秋田しんせいの介護と医療を連体させる「地域包括ケア」も深い示唆に富む。小著に掲載している「JA生き残り提案」で、「一県一農業」の方向を目指さなければならない。過疎地のない県は皆無で地域マネージメント活動が農協の有力な理由となるからだ。

協同組合運動の原点に立ち帰り、すべて組合員のニーズを最優先する改革案を具体化することから、JAは再出発すべきだ。今こそJAグループの総力をあげて、主体的な自己改革の道を探るための具体的な戦略が構築されなければならない。その努力に期待するJAのステークホルダー（取引関係者）は少なくないだろう。問題なのは、「組会員ニーズ最優先」の立場からJAグループの連合会利用よりも業者の利用を優先させている福井県JA越前たけふ等の事例で、異端視する向きが強いが、このケースを参考事例として視野に収める必要はあろう。平成二七年二月七日の臨時国会では、准組合員の農協利用規則を求める声がなお強く、農協への議員の理解度はほとんど進んでいない。

〈付記〉農協サイドに対し、だいぶ厳しい言葉を書き連ねましたが、これは、このくらいの反省材料をお示しするほどに現在の〝農協危機〟は深刻そのものであることを強調したいためであり、他意はありません。

二　両サイド法人は〝Win―Winの方向〟か？

〈序言〉「平成の農地改革」と言われる二〇〇九年の農地法改正、さらに〝農協解体論〟に代表される、規制改革会議による農業生産法人の規制緩和提案などもあって、量販店、外食産業、総合商社などの農業法人化と農業参入が目立ってきた。

農業については、もともと〝本家本元〟のJAグループは、集落営農を基礎とするJA出資型法人への路線を強化して、これら商業資本に対抗せざるを得ない。まさに両サイド法人による〝荒野の決闘〟の様相が色濃い。半面、両サイド協調の側面も視野に入るようになった。これらの状況を踏まえて、二一世紀半ばの日本農業の姿を展望してみる。本稿の結論は、前述のとおりJA出資型農業生産法人の育成・展開である。この手法こそ、JA運動の活路と筆者は考える。曲々しい〝農協解体論〟の背景と対抗策にも繋がる問題であることを、特にご留意のうえ、お読みいただきたい。

1　増加する農業生産法人

農業の法人化が法律上認められたのは一九六一年（昭和三六年）の旧農業基本法制定時だった。二〇一四年現在、農業生産法人の総数は一万五三〇〇で、うち有限会社は五一・三％、農事組合法人は二六・三％、株式会社は二〇・七％、その他一・七％の比率となっている。

農業法人の規制を緩和し、農地の面的集積により効率的な利用促進を目指す農地法の改正が二〇〇九年（平成二一年）一二月に施行された。〝平成の農地改革〟と称される。この法改正に関連して、農業生産法人はもとより、農業に参入する一般民間企業やＮＰＯ法人なども、地域農業の調和を乱さないこと、業務執行役員の一人以上が農業に常時従事することなどの要件が付けられた。

また、農地を適正に利用していない場合は賃貸契約を解除する、といった条件も付けられている。こうした要件や条件をクリアすれば、企業サイドからの参入も農地を借りる形で農業ができるようになった。この一方で、農地の転用規制は強化されている。

法改正後に新規参入した企業は一七一三法人に及んでいる。法改正以前には四三六法人だったから、法改正後の参入数は約五倍の増加である。

農業生産法人の総数一万五〇一六は、二〇〇〇年の約三倍となっている。法人数の増加に伴ない、法人が利用する農地面積の割合も高まり、二〇一二年には全体の六・二%を占めるに至っている。法人の大規模化も進み、販売金額が一億円を越す法人の割合は二四%を占め、経営規模が二〇ha以上の法人が二二%となっている。新規参入の一般法人の借入農地面積は二八〇七ha。内訳は五〇a未満が三四%、五〇a〜一haが二八%、一〜五ha未満が二九%となっている。要するに五ha未満の法人が全体の九〇%を占める状態である。

農水省発表の二〇一二年九月末の数字によると、営農作目別では、野菜が最も多く四三%、次いで複合経営が一九%、米麦等が一七%、果樹九%、茶などの工芸作物が五%、花き三%、畜産二%の順となっている。また農業以外からの参入法人を業態別にみると、食品関連産業がトップで二四%、次いで建設業が一一%、NPO法人が一一%、卸・小売業が五%、医療・福祉・教育法人が四%という順である。電子部品製造、不動産業の参入も目立つ。新規参入した法人は、形態別だと株式会社が六四%、特例有限会社が一八%となっている。都道府県別では北海道が三〇四五法人と最も多く、次いで新潟が七五四、鹿児島七〇四、熊本四五六、長野四〇四と続いている。

今後、法人の設立や出資による一般企業からの農業参入の動きは活発化していくことだろう。農政の基本姿勢として多様な農業参入を奨励するスタンスが本格化していくに違いない。農業参入の好事例はさまざまだが、宮城県登米市の農業生産法人「伊豆沼農産」もその一つ。

豚肉とその加工品の輸出に本腰を入れている。その一方、市町村の農業委員会には、企業が農地を適切に利用しているかどうかの監視の強化が求められる。適切でないケースに対しては、是正勧告や許可取消しを行うことも農業委員会には求められている。

農外企業の農業参入の目的は、原材料の安定的確保と調達コストの削減、本業商品の付加価値化・差別化、経営の多角化などのメリットを求めるケースがほとんどだ。なかでも目立つのは、後述するように量販店や食品加工業の農産物調達のコストダウンや品質メリットを求めての参入ケースが際立っている。しかし、異業種企業のなかには採算性を度外視して、むしろ企業イメージの向上（親近性）を狙う例もないとは言えない。

2　法人化を考える重要な指標

(一)　農業生産法人要件緩和の方向

二〇一四年（平成二六年）春、JAグループを揺るがした〝農協解体〟騒ぎは、政官財界によるJA側へのブラフ（おどし）であった。言うまでもなく先の総選挙で時の与党・民主党を支援したJA側に対するシッペ返しであり、TPP問題で強い反対運動を展開したJAグループへの〝こらしめ〟で、形としては、政府の規制改革会議をして、協同組合の本質をわきまえない〝農協解体論〟を押しつけてきた。その最たるものは全中廃止論や全農の株式会社化という主張であった。

農業生産法人については、①一定程度保有を継続した法人には過半数の農家以外（企業）の出資を認める、②農家以外の議決権を「二五％以下」から「五〇％未満」に引き上げる――という、企業からの参入を極めて容易にする要件緩和が決定をみた。

今後の農業法人対策は、おおよそ、次のような方向で進められることは明らかだ。

二〇〇九年の農地法改正（所有中心から利用中心への転換）及び二〇〇八年の農地中間管理機構関連（農地バンク）法はリース方式、つまり機構が借り受け、転貸する方式による担い手への農地利用の集積・集約化、さらには新規参入の促進、耕作放棄地の発生防止・解消を狙う方式と言える。これは戦後の農地解放のマイナス面、すなわち約一haの農地所有固定化を生み出すことで農地の流動化を阻む結果をもたらしていた状況への解決点と見ることができ、JA全中も農地の面的集積、集落営農の組織化を図るシステムとして、一応の評価をくだしている。つまり農地所有権の保護という条件つきで、二〇〇九年の農地法改正には賛意を表していた。この法改正を軌道に乗せ、農地利用の最適化を図ること自体には、JAグループも同調のスタンスと言える。しかも、平成二八年二月二七日、兵庫県養老市の国家戦略特区では、農業生産法人一〇社に農地の所有を認めた。しかも、企業が二分の一以上出資できるようにする。この方向は、過疎地の多い山間地中四国地方に拡大していくことは確実で、農業者の立場は弱まる恐れがある。

このように、農業生産法人の緩和政策は、結果的に企業の農業参入を容易にする道であることは、JAサイドも十分に警戒してきたところだ。自民党から二〇一四年六月九日に出された農業改革案のうち、農業生産法人の要件緩和については、企業の農地所有がもたらすマイナス面、具体的には、農業からの撤退による産業廃棄物の置き場になる恐れについては、農業サイドの心配に「十分配慮することが必要」と、一応の釘を打っている。

その懸念がない範囲内で、要件を満たしている法人が六次産業化等を図り経営を発展させようとする場合の障害を取り除く観点から自民党案は〝見直し〟を行うというスタンスだ。次のように集約できる。
★六次産業化により法人における販売・加工のウェートが高まり、その分、農作業の比重が低くなるので、役員の農作業従事要件については、役員の一人以上が従事すればよい――とする要件の緩和をそのまま認める。
★六次産業化など経営発展を目指す場合には資本増強の必要性が生じることから、議決権要件については、農業者以外の者の議決権は五〇%未満までよいことにする。
★さらなる法人要件の緩和や農地制度の見直しについては、「農地中間管理事業に関する法律」の五年後の見直しに際して、それまでにリース方式で参入した企業の状況を踏まえつつ、自民党は検討を続ける。

★農地の所有方式による企業の農業参入自由化を検討するについては、リース方式では事実上、耕作放棄されたり産業廃棄物の置き場所になった場合に、リース契約の解除による原状回復という確実な〝担保〟があることを踏まえて、これに匹敵する確実な現状回復手法（例えば国による没収など）の確立を図ることを前提にして、自民党は検討を進めている。

――このように、キメ細かいスタンスで自民党は法人問題を考えている。しかし、この稿の後段で詳述するとおり、さまざまな問題を含んでいる。

(二) 農中総研・室屋有宏氏の研究から

農業への企業参入問題については、農中総研の室屋有宏氏の研究が分析力に優れ、極めて参考になる。室屋氏作成の資料「日本における農業への企業参入の制度と土地利用」のなかから特記されるべき指標を集約すると――。

(1) 企業の農業参入に関する制度

★農地法については二〇〇九年の改正で、農業者以外の個人・一般法人に貸借権を認める。また農業生産法人への外部出資比率を四分の一以下から二分の一未満とする。

★農業経営基盤強化法については二〇〇五年より農地リース方式の全国展開を認め、二〇〇九年に農業者以外・一般法人の利用権設定を認めるようになった。

(2)　農地リースの解除条件

農業から撤退した場合の混乱を防止するため、以下の事項を契約上、農用地利用集積計画に記載する。①農用地を明け渡す際、現状回復義務は誰にあるのか　②現状回復の費用は誰が負担するのか　③賃貸期間中途の契約終了時における違約金支払の取り決めがあるか　④現状回復がなされないときの損害賠償の取り決めがあるか。

(3)　企業等の農業参入ルートの現状

★農業生産を行うケース　◇農業生産法人の設立ないし部分出資（農地取得を含め農業生産全般）　◇会社法人（会社法に基づく）＝株式会社（譲渡制限付き）　◇農事組合法人（農協法に基づく）

★農業生産を行わないケース　◇農作業委託　◇生産委託（契約取引等）。

(4)　企業の農業参入三局面

①二〇〇三年〜〇七年＝地域主体（自治体の遊休地対策など）。地場建設業、食品企業が中心。雇用維持・商品開発を狙う。②二〇〇八年〜九年＝大企業の参入増、農業を「経営資源」とみる視点。③農地法改正後二〇一〇年以降＝業種の多様化（参入ニーズの広がり）、新規事業としての農業、「雇用」がキーワードとなる。（リーマンショックの影響）。

(5)　参入企業の経営内容と課題＝農業参入法人連絡協議会の調査（二〇〇八年）から。①

借り入れた農地の状態＝耕作放棄地のため条件整備が必要（三九％）、普通の農地の状態（三四％）、耕作放棄地ではないが条件悪し（一四％）、耕作放棄地を刈り払いで農地化（七％）。②経営状態＝赤字（六三％）、黒字（一一％）、収支ほぼ均衡（一〇％）、収支不明（七％）。採算性の壁がいかに厚いかを物語る数字だ。

なかでもイトーヨーカ堂、イオン、ローソンなど日本を代表する小売三社が、全国規模で農業展開を行っている。三社の参入は、全国に自社農場を配置し、プライベートで設置の調達強化を図る点で共通している。

(6)　参入するまでの取組み＝日本政策金融公庫の調査（二〇一二年）から。①農地の確保・土地改良（四四％）②生産技術の習得（二二％）③資金調達・雇用の確保（一九％）④販路の調査・開拓（一一％）⑤施設等の整備（一一％）⑥研修・視察（一一％）。

(7)　厳しい農業参入の実情＝建設業からの参入企業へのアンケートから。①参入時の黒字見込み年数＝五・四年。②実際の黒字化年数＝七・六年。③難題＝農地条件（優良農地の確保困難）、過大投資（意外に大きい初期投資）、販路（特に建設業は苦心）。

これらのうち、製造業、不動産、ゼネコン、鉄道等の業種が、植物工場を含む大規模な施設園芸への進出も注目される。とくに農業でのＩＣＴ（情報通信技術）利用は、将来性のあるビジネスと見られている。

以上のとおり、農中総研の室屋有宏氏は、企業サイドからの農業参入に関する問題点を的確に分析しておられる。

3　際立つ量販店の参入動向

スーパー、コンビニ等の量販店は〝安売り戦争〟が激化するままの状態だが、消費者と直面し、しかも食に関する商品の供給に重点を置いているだけに、農産物の最も直接的な調達手法として、農業生産への参入に力点を置き、具体的な行動を起こしている。

★セブン&アイ（イトーヨーカ堂）　まず、二〇〇八年に千葉県のJA富里との共同出資で農業生産法人「セブンファーム富里」を立ち上げた。地元農家も出資に参加している。五・一haを借地し、ニンジン、ダイコン、ブロッコリー、キャベツなど二〇品目を農家への委託生産方式で栽培し、収穫物はイトーヨーカ堂の店舗とグループ下のレストラン「デニーズ」に供給している。しかも食品ゴミを堆肥化して農場に還元、リサイクル率四五％を実現している点も注目される。契約農家は約八〇〇〇戸。農家は出資配当と労賃を受け取っている。

さらにセブン&アイグループは、リサイクル型循環型農業の全国展開を図り「KKセブンファーム」を設立。店舗での野菜の売れ残りを堆肥にしてセブンファームで使用し、収穫した野菜をヨーカ堂、セブンイレブンで販売している。資本金は一一〇〇億円で、出資割合はヨーカ堂八五％、生産者一〇％、集荷業者五％とした。既に北海道上川郡東川町、茨城県筑西市、埼玉県深谷市、神奈川県三浦市にも事業会社を設立。さらに全国で一〇か所、自家直営と協力農家合わせて一四〇haで野菜を生産するスタンスだ。また岩手県遠野市のエスフーズと連携して黒毛和種の肉牛を飼育し、ヨーカ堂やヨークベニマルでPB（プライベート・ブランド）の牛肉を販売している。同社の社長をめぐる内輪もめも課題となっている。

★**ローソン**（三菱系列）　まず千葉県香取市に農業生産法人「ローソンファーム千葉」を設立。出資金五〇〇万円で、七五％を地元生産者の芝山農園が持ち、ローソン自体は一五％の出資に留めた。三haの農地には小松菜、ダイコン、ニンジンなど一二品目の野菜を栽培し、関東地区のローソン店舗六五〇店に供給している。

このローソンファームも全国展開を図り、北海道（十勝）から九州（鹿児島）まで全国一八か所、約三〇〇ha（推定）に農業生産法人を設立している。一年間で倍増の急ピッチだ。このファームはコンピュータで農作業の即時管理をし、カット野菜事業強化を図るところにも特色がある。これはNEC開発システムの導入によるイノベーション（技術開発）なのである。また、国内有数のミネラル農法、つまり、美味、健康、増収技術で知られる「中嶋農法」の商標を持つ肥料メーカー・エーザイ生物科学研究所を子会社化し、中長期的にはローソンファームを全国三〇〇か所に展開させ、競合他社との差別化を図る目標を掲げている。

鳥取の農業生産法人・岡野農場を包含する形で開設した「ローソンファーム鳥取」は〝おでん用ダイコン〟の栽培を六次産業化のパターンで展開し、自動皮むき機を導入、一日二〇万個のおでんを製造している。経営のモットーは「農家の手取り本位」で、加工による付加価値の増大と共に、コストダウンにも力を入れている。

また、大分県宇佐市に開設した「ローソンファーム大分」も生科研の技術で銅分をトマトに葉面散布し増産効果を上げている。どのファームもJAに供給する農産物の買取契約を農家と結び、安心感を農家に与えている。豊後大野市や熊本県玉名市のファームも活動は活発で、JAグループとの無駄な対立を避け、むしろ協調スタンスを組んでいる。「ローソンファーム鹿児島」は、親会社ダイエーの協力を得てPB（プライベートブランド）和牛「さつま姫牛」を肥育しており、全頭検査の徹底により安全性を強調している。

このほどローソンの会長（CEO＝最高経営責任者）からサントリーHD（ホールディング）社長に就任した新浪剛史氏は「農業の産業化」をモットーに掲げていた。そして〝健康・長寿〟をキーワードに、日頃から「食料品の内需を掘り起こす」ことを提唱していた。氏の独創的な農業参入意欲とリーダーシップは「新浪ショック」の異名をとった。まさに、文字どおり農産物流通界に台頭してきた「新しい浪」と言ってよい。

新浪氏は、政府の産業競争力会議の農業分科会主査を務める、アベノミクス農政の〝黒幕〟

でもあり、減反廃止の〝言い出しっぺ〟としても知られる。現に、農業生産法人について新浪氏は、企業による出資制限や取締役の農業従事者要件を緩めるよう、強力に提唱している。二〇一四年の半ば、新浪氏はサントリー・ホールディングスの社長に就任した。

なお、ローソンは長野県松本市の保健師との協力で、同店駐車場のスペースを利用し「まちかど健康相談」を行っている。店舗のイメージアップを狙うアイデアだ。

★イオン（旧ジャスコ）　二〇〇九年に茨城県近代農業促進協議会と提携して「イオン牛久農場」を設立。一五haの農地を一〇a八〇〇〇円の地代でリース方式により借地し、五〇〇戸の農家と契約を結んでキャベツ、エダマメ、ズッキーニ、小松菜、水菜、トウモロコシなどを栽培、年間三〇〇tを生産し、PB野菜としてイオン店舗一〇〇〇店に供給している。市価より二～三割安いPB販売が特色だ。

この牛久農場を含めて全国に一二カ所に自社農場を展開している会社が「イオンアグリ創造KK」（福永庸明社長）で、資本金五〇〇〇万円。二〇〇九年に設立したイオンの子会社である。気象・作況・土壌・降水量・植物病理等のデータ化を富士通と共同のクラウドシステム（経費節減型システム）で実施し、直営農場を運営しているところに特色がある。農家とはパート従業員雇用方式の契約を結ぶ。二〇一五年には農場規模を五〇〇haにまで拡大して、売上げ目標一〇〇〇億円を目指す。イオンアグリは、さらに農地中間管理機構を活用して埼玉県下の耕作放棄地一一haを借地で、野菜等の栽培に乗り出し注目されている。

イオンによる農業参入の特色は、正社員を農場長などの管理職につかせ、地元のパート社員を農作業に従事させる、全くの〝自社生産体制〟で、しかも耕作放棄地を借り受けてコストダウンを図っていることだ。この結果、ＪＡの販売価格より一～二割安の野菜を供給しているだけに、ＪＡグループとしては要注意の動きと言える。

ＰＢ和牛「トップバリュ」も手掛け、イオン加工センターで食肉化している。「イオンアグリ創造」の埼玉県日高市への参入については、市当局と耕作放棄地対策協議会を設立して、耕作放棄地重点解消地区を設定。「地域農業の活性化に関する協定」を締結している。

イオンは、かつて小売で日本一の売り上げを誇ったダイエーを完全子会社したことでも注目されている。

★東急ストア　既存の農業法人への出資を視野に自社社員をＪＡに派遣し、野菜栽培の学習をさせるところからスタートしている。さらに青果の仕入れ担当者を茨城県小美玉市の契約農場に送り込み、ダイコンやハクサイなどの栽培に従事させて、収穫農産物は傘下の約五〇店舗で販売している。また、同社青果部は二〇〇六年から〇八年まで茨城県庁の若手職員を出向者として受け入れ、農業経営の収益を織り込んだ事業計画を組ませ、地元の農業生産法人としてのパイプ役を務めさせるなど、工夫をこらしている。

★その他量販店の農業参入

西友は野菜生産契約農家一万五〇〇〇戸を抱え、自社店舗への供給ルートとしている。また山梨のスーパー「**日向**」は「農業いきいき特区」に農地を借りて、ホウレンソウやナスを生産している。異色のケースは「**生協ひろしま**」の農業参入だ。生協では全国初の事例で、農業生産法人「㈱ハートランドひろしま」を二〇一〇年、北広島市に設立した。地元JAと連携し、一haほどの農地にサラダ菜、ホウレンソウを中心にした葉物野菜を水耕栽培するほか、ニンジン、サトイモなどを露地栽培している。生産に従事させる労働力は生協職員から公募。同市の農事組合法人「せんごくの里」やJA広島北部から技術指導を受け、生産資材を購入している。

★ファミリーマート（伊藤忠系）

直接農業生産への参入はしていないが、JAから農産物の調達に力を入れている量販店だ。JA茨城かすみ、JA千葉みどり、群馬のJA利根沼田、長野のJA南信州、JA上伊那、JA大北、発端ケースは島根のJAいずもとの提携で、同JAから農産物を調達して真っ先に注目を浴びた。さらに、全農系のAコープと一体型店舗の全国展開に乗り出した。その一号店は愛媛県伊予市に開店。店舗は一〇〇坪（約三三〇平方メートル）と、標準的なコンビニエンス・ストア（コンビニ店）の約三倍の規模だ。しかもファミリーマート（略称「ファミマ」）は新潟市とタイアップして、ジベタリア（株）、ウォーターセル（株）、さらにはドコモとチームを組んで、米づくりにのり出した。水田に設置した計器で気温や水深、ミリ単位での水位変化を計測。しかもスマートフォンで、これらのデータを確認できるため、広大な敷地を見回る農家の負担を軽減させている。伊藤忠商事の岡藤正弘氏は、中国経済の動向にも注意を払っている。

ファミマの「セルフレジ」店は二〇一七年までに一五〇〇店に広げる計画で、人手をかけずに会計のスピード化を促進する。「セルフレジ」の多くは、いわゆる「駅ナカ」で特にニーズが高い。ファミマは今後五年で三〇〇〇店に増やす方針。全農ブランド商品を中心に置き、経営困難なAコープの救済につながる協力店舗方式を選択している。同社は山間地など買い物不便な地域に移動販売車を回し「公共性」をアピールしている。ここにも元伊藤忠会長の〝丹羽哲学〟「ヴ・ナロード」（人民の中へ）精神とも解釈でき、各地に浸透しているとみてよい。言うならば「スーツ姿は保守派でも心にゃマルクスの血が通う」タイプだ。

＊　　＊

量販店の青果物取扱いによる年間営業利益は、第一位がセブンイレブンの一六三八億円、二位がローソンで四九四億円、三位がファミリーマートで三二〇億円の実績をあげている。この三社が、いわば〝ご三家〟と見てよい。

因みにコンビニ業界の事業シエアは、セブンイレブンが三四%、ローソン一一%、ファミリーマート九%がビッグ3である。イオンはセブン&アイと肩を並べる存在だが、このところ低迷し、シエアダウンが目立つ。イオンの活路は旧ダイエーを完全子会社し、捲土重来のスタンスだ。コンビニ業界の年間売り上げ高は九兆三八六〇億円。どの会社も「店舗」の拡張に力を入れている。

しかし、今や総合スーパーは帳面づらの売り上げは伸びているが、消費の回復力はなお弱く、「冬の時代」、専門店への顧客の流出が続きヨーカ堂は、二割の店を閉じた。各社とも統廃合が続くという状況である。

4 外食産業と食農関連企業の動向

★ワタミ　居酒屋チェーンのワタミは「ワタミフーズ」を二〇〇二年に設立し、農業分野に乗り出している。ワタミフーズは北海道、京都府、大分県など七か所で農地を賃借し農場を運営しており、二〇〇九年には赤字経営から黒字に転換している。同社はトマト、サツマイモなど五種類の有機野菜を栽培。借用の全農地は一〇haに達している。(二〇〇九年には赤字経営から黒字経営に転換した。しかし客離れに歯どめがかからず再び九九億円の赤字に転じ、全社あげて再建に努めている。)

（実は筆者も、千葉県のJR津田沼駅近くのワタミ（和民）店で飲食を楽しんだ経験があり、鮮度良好な料理に舌つづみを打ったものだ。）高齢者施設向けの食品宅配事業も拡充していく。しかし業績の〝先行き〟は予断を許さない。そして女性社員の過労自殺で一億二〇〇〇万円の賠償をしなければならず、同社の前途は極めて多難だ。

★サイゼリア　外食レストランとして人気を集めているが、福島県の農場で栽培したレタスを自前の物流網で四℃の低温のまま店舗まで運び、鮮度を維持したサラダを提供している。さらにサイゼリアは仙台、福島県白河の農場で、サラダ用にカットしやすいトマトの品種改良と水耕栽培にも取り組んでいる。

★モンテローザ　居酒屋「白木屋」などを経営してサラリーマン層の客を集めているが、モンテローザも農業分野に進出しており、子会社の「モンテローザファーム」が野菜を栽培している。同社は、企業が農業生産法人を設立せずに農地を直接借りられる「特定法人貸付事業制度」を活用して、茨城県牛久市役所から二haの農地を借り、水菜やホウレンソウなどの葉物野菜を栽培、自社店舗に供給している。

★大戸屋　定食チェーンを展開しており、〇九年から水菜などの葉物野菜の栽培を手掛けている。山梨県下に水耕栽培の施設をつくり、首都圏内一五〇店舗に供給する必要量を確保している。

★酒造業・製茶業等　洋酒メーカーの大手**メルシャン**は、農業生産法人「マリコ・ヴィンヤード」を設立し、長野県丸子町に農場一二・五haを借りてブドウ栽培に乗り出している。**サントリー**は遺伝子組み換え技術により、青いカーネーションを開発し、商品化を図っている。**キリンビール**は、子会社のジャパンポテトがジャガイモの種イモの開発と販売に乗り出している。

伊藤園は、宮崎県にJAと共同で農園を造成し、大分、鹿児島にも農場を設けている。また、マヨネーズメーカーの**キユーピー**は、福島県下の植物工場「TSファーム」でサラダ菜の生産に取り組んでいる。筆者の高校同期の経営による実績だ。

★平田牧場　山形県酒田市でユニークな養豚経営により著名な平田牧場は、東京・六本木などにトンカツ料理店を出し人気を呼んでいる。同牧場は休耕田を利用してブランド豚「平牧三元豚」の放牧養豚に着手しており、飼料にコメも与えて、甘く香りのよい豚肉の生産促進に努めている。飼料用米は酒田市に隣接する遊佐町から調達。同町の飼料用米生産者は当初の二四人から二〇〇人を超えるまでに急増している。さらに調達区域を庄内地方全域に広げており、二〇一三年には一〇〇〇戸の委託農家から六〇〇〇tの飼料用米を購入している。

飼料用米の価格は主食用より低い半面、減反政策の見直しで補助金が一〇a八万円から最大で一〇万五〇〇〇円に増額される政策を〝追い風〟にしている。飼料用米の販売は安定した需要者（売り先）の確保が前提条件となる一種の契約栽培方式が要請されているだけに、庄内のコメ農家にとっては生産のターゲットとモチーフ（動機）が得られる点で朗報と言える。

★カゴメ　茨城県小美玉市、広島県世羅町、さらには和歌山市加太地区でトマトの菜園事業を経営している。いずれも地元の農業生産法人との提携形態を採り注目されている。

★キッコーマン　千葉県下で農業に参入し、子会社「日本デルモンテアグリ」が醤油原料（大豆など）の調達に着手している。

★その他の動き　コメ卸最大手の**神明**（神戸市）は、コメの生産法人を支援する新会社を設立し、大規模農業生産法人への出資・支援を手掛ける。また茨城県の青果販売会社「**サンアグリビジネス**」は、二三戸の農家と契約し、一六〇haの畑で野菜を栽培。スーパーや松屋フーズ等外食店にも販売している。

5　総合商社の農業参入動向

海外からの食料調達は総合商社の大きな役割だが、国内の農業についてもバーティカル・インテグレーション（垂直的統合）の動きを加速させている。トータルとして減少傾向にあるとは言え、一億人の胃袋は、やはり商社にとっても無視できない巨大マーケットなのだ。

★三菱商事　畜産統合については四〇年余の歴史を持つ。その手始めは南九州でのブロイラー飼育を、グループの日清飼料や菱和飼料と提携し、飼料と鶏肉の〝往復商法〟を展開。鶏肉をジャスコ（現イオン）などの量販店に供給している。外食産業のKFC（ケンタッキー・フライドチキン）への原料供給の出発点は一九七〇年に大阪で開かれた万国博で、歴史も古い。

三菱商事（小林健社長）はキユーピーとの合弁によりサラダクラブ㈱をスタートさせ、国内野菜産地との契約栽培で野菜を調達し、カット野菜の販売も手掛けている。また、三菱商事アグリサービス㈱では、各地の肥料商をネットワーク化し、肥料や土づくり資材を農家に提供して栽培技術を指導。営農コンサルタントとしての機能も発揮している。小林社長は、ヘルスケア部門にも乗り出す方向だ。なお同社は原油等の資源安のため、史上最大の赤字一五〇〇億円に苦しんでいる。

★三井物産　セブン&アイ・ホールディングスとの連携を強化しており、神糧物産や村瀬米穀との共同出資で「物産ライス」を設立、首都圏へのコメ販売に本腰を入れている。三井物産戦略研究所は飼料用米の栽培試験に着手した。またグループの「三井物産アグロビジネス」は、秋田、宮城、新潟の農家と生産委託契約を結び有機米や有機野菜の調達を拡大させている。さらに、三井物産系列の日本配合飼料㈱は青森県八戸市の法人・第一農産に過半の出資をして常時一〇〇〇万羽のブロイラーを飼育し、インテグレーション効果を上げている。また、三井不動産は太陽光を利用した国内最大級のトマト生産工場を農業生産法人「サンガボウル」を設立して経営している。三井物産も三菱商事と同じ原因で、七〇〇億円の大幅赤字を抱え込んでいる。

★住友商事　商社業界では「〝ニッチ〟（すき間ビジネス）の住商」と言われ、その機動的な動向が注目される存在で、秋田米の取扱いにも進出し、そのブランド米が首都圏の百貨店で人気を呼んでいる。さらに花き分野では、インターネットを活用しての配送システム「花キューピット」が優れた機能を発揮している。また住商は、鹿児島の大型農業法人㈱さかうえ（坂上）にも二〇％を出資。この法人は一五〇haの耕地に野菜と飼料用作物の輪作を展開している。

ＪＡサイドとして注目すべきは、住友商事相談役（元会長）の岡素之氏こそ、実質的な農協解体論と言うべき、ＪＡグループ改革案を提起した、政府の規制改革会議をリードする議長であるという事実だ。系列下の「サミット」は山梨県丹沢村の農場で耕作放棄地を活田し、無農薬のハクサイ、ネギ、レタスの生産に着手している。住商はニッケル事業の不振で七七〇億円の損失を出し、頭を痛めている。

★伊藤忠商事　農業部門への意欲満々という点では商社業界でも突出している。元会長の丹羽宇一郎氏（のち中国大使）が「日本プロ農業総合支援機構」（Ｊ・ＰＡＯ）の理事長を務めた経過もあり、現理事長の高木勇樹氏（元・農水次官）が自立的農業者への支援に力こぶを入れている。「高木万有（蚕勇）引力説」で知られた手腕家である。つまり、農業界に何かイシュー（注目点）あるところ、その陰には必ずと言ってよいほど、高木氏の力が働いているのだ。（実を申すと、この「万有（蚕勇）引力説」は、筆者によるネーミングであることを告白する次第だ。）

J・PAO（前述）の理事には、アサヒビール、クボタ、住友化学、ヤンマー農機、カゴメなどの役員も顔を並べており、「農地は〝所有するもの〟ではなく〝利用するもの〟」というのが、元会長・丹羽氏の持論でもある。

伊藤忠と、四〇余の有力農業法人を傘下に収めるイズミ農園との提携による「アイ・スクウェア」は、農家と契約して青果類約三〇種を栽培し、年間約六五〇〇ｔの青果物を量販店やレストランなどに冷蔵配達している。

伊藤忠は吉野家などの外食・リテール（小売）事業にも手をそめ、グループのファミリーマート向けに東北などの良質米を供給。業務用の米飯会社「フードエクスプレス」を設立し、炊飯を弁当業者に供給している。またアミノ飼料とタイアップし、霞ヶ浦畜産などで肉豚を飼育、プリマハムで加工し、大手量販店に供給した実績も持つ。

さらに伊藤忠は、世界最大の青果資本ドール・フード（米国カリフォルニア州）と提携、生鮮青果の加工物流センターを設立し、各地の農業生産法人と業務提携して、グループのファミリーマート、ユニー、am／pmなどの量販店と農産物の供給契約を結ぶ作戦を展開している。また伊藤忠は、青果・食品卸の子会社を持ち、日本ブランド農業事業協同組合（ＪＢＡＣ）の有力メンバーなどの農業生産法人と活発な取引を展開して、多量の青果物を量販店やレストランなどに販売しているのだ。

加えて伊藤忠出資のアイアグリ社（茨城県土浦市）は、農業資材店舗の「農家の店しんしん」を各地に出店し、新規就農支援にまで乗り出している。農業生産面ではライバルに当たるＪＡとも伊藤忠は敢えて手を組む。現に山梨県韮崎市のＪＡ梨北が集荷した減農薬野菜は、伊藤忠を通じ外食チェーンなどに供給している。

総じて伊藤忠は、商社業界のなかでは、財閥系にないアグレッシブ（攻撃的）なチャレンジ精神を〝売り物〟にしている。最近では「週刊エコノミスト」が平成二七年六月号で特集「商社の下克上」を組み、伊藤忠の突出ぶりを伝えている。同社は環境問題でも、その目ざましい成果が注目されて表彰されるなど、ここに伊藤忠の所在位置が察知できる。

★丸紅　有機土壌づくりの特許を持つベンチャー企業「ヴェルデ」（神奈川県厚木市）と提携して、野菜工場システムを導入している。これは照明技術や施肥技術などのノウハウを生かして、レタス、ナス、ハーブ類を栽培するシステムである。丸紅はダイエーの〝再建スポンサー〟を任じており、提携先のダイエーグループ向けに良質米の調達を心掛けている。その「ダイエー」ブランドも、ついに姿を消し、イオンの完全子会社となるに至った。

農業部門でも手広く〃丸紅ファンづくり〃をモットーとしており、丸紅経済研究所代表を務めた柴田明夫氏は有数の食料問題研究者である。

★双日ホールディングス　旧日商岩井と旧ニチメンの合弁会社で、約一〇〇〇戸の契約農家を二五の農業生産法人に組織化して、有機野菜の調達と販売を進め、農産物販売の「夢百菜共和国」を設立。サンクスなどの大手スーパーや生協、食品メーカーなどに販路を広げつつ、有機食品大手「オイシックス」の経営を支援している。最近では身障者に優しい施設園芸の農業法人「マイベジタブル」を設立、東洋レーヨンと提携しての活動が注目される。

★豊田通商　宮城県栗原市の地元の農家と農業生産法人「ベジ・ドリーム栗原」を立ち上げ、パプリカ（ピーマンの一種）を二〇一〇年度から年間八三〇t生産している。さらにトマトなどの生産に取り組むことで、農業分野で一〇〇億円の売上げを目指す。

★関谷鋼機（鉄鋼商事）　宮城県松島町に農業生産法人を設立し、トマトを栽培して同社の食品部門との相乗効果を担っている。

6　異業種企業の農業参入

★住友化学系列　茨城県守谷市の農業生産法人「住化ファーム茨城」は、二〇haの畑でキャベツ栽培に乗り出している。親会社は経団連の前会長・米倉弘昌氏をトップに頂く住友化学で、経団連のハイテク化実験農場としても注目される。

二〇〇九年、住化は長野県内に農園を開き、現在東日本に七か所の農業生産法人を創設してキャベツ、トマト、イチゴなどを栽培している。また同社は㈱植物ゲノムセンターから良食味で多収穫のあるコメ品種を取得し、農業生産法人と契約して、種苗、農薬・肥料の提供から肥培管理の支援、そして収穫米の販売まで一貫させる事業をスタートした。

さらに「住化ファーム」は農産物の仕向け先として高級レストランなどへの販売も開発中だ。住化が九割以上の出資をしている愛媛県下の株式会社「サンライズファーム西条」も、JA西条や市の第三セクターと共同で設立したもの。五haの農地を借りて、レタス、キャベツ、ネギなどを栽培している。三菱重工やパナソニックの協力を得て、住化はヘリコプターによる農薬散布や無人トラクタでの施肥技術を導入しており、インターネットカメラを駆使して作物の状況を監視するシステムも注目される。

★パナソニック・NEC　パナソニックは、デジタルカメラなどを生産する福島工場の空きスペースを植物工場に転用し、高機能野菜の生産に着手している。同社は工場内でLED（発光ダイオード）照明や空調などで生育環境を人工的に制御し、外部環境の影響を受けずに農作物を栽培できるシステムを開発している。

この事業は二〇一一年の大震災で被災した地域経済の活性化を支援するために復興庁と経産省が募集した「先端農業産業化システム実証事業」に採択され、国から三億円の補助金が支給されている。同社独自の計測技術やシミュレーション（模擬実験）技術を駆使して、水量、肥料、温度、明るさなどの最適な組み合わせを探り出し、コスト分析にも役立てて生産の効率化を目指すスタンスだ。同じく電機メーカーでは、NECもセンサーでのハウス栽培管理に着手している。

★富士通　福島県会津若松市にある半導体工場を植物工場に転換「洗わなくても食べられるレタス」など低カリウム野菜を栽培している。ルーム内は半導体製造時の厳しい室内環境の基準に近づけ、室温を冷やし、液体肥料のPH値（水素指数）などがコンピュータ管理でつねに一定に保たれている。一日三五〇〇株収穫し、市内の病院や生協などに供給している。

★JFEグループ　鉄鋼メーカーのJFE（旧日本鋼管・川崎製鉄）グループも野菜づくりを手掛け、子会社の「JFEライフ」が「エコ作」の愛称のもと、兵庫、茨城両県で無農薬の水耕レタス栽培に取り組み、関西で人気が上昇している。この植物工場で栽培するレタスの仕向け先は、関西で阪急百貨店、首都圏で伊勢丹・三越など。当初、兵庫県・西宮工場の跡地利用でカイワレダイコンの栽培を始めたことが、きっかけとなった。

★変わりダネ企業の参入事例　光学映像メーカーの**GOKOカメラ**による減農薬トマト生

産は変わりダネと言える。長野県上伊那郡中川村の空き工場を転用した無人工場でトマトを栽培し、スーパーや飲食店に供給している。それもコンピュータ制御の栽培工場で、農薬をほとんど使わず専用培養液でトマトを栽培するシステムだ。カメラ製造で蓄積した生産管理技術を活用し、生産コストを圧縮している点にも特色がある。

トヨタ自動車は青森県で花き栽培に着手し、警備保障のセコムは、子会社の**セコム工業**が宮崎県の植物工場でハーブ類を生産している。また**JR九州**が大分市に法人を設立し、ニラを栽培している事例も注目される。農地の確保についてJR側は地元JAと協力している。

JR東日本は福島県いわき市にトマトの生産を行う農業生産法人「(株)JRとまとランドいわきファーム」を設立した。この法人はJR東日本と農業者五名、太陽光利用型植物工場「とまとランドいわき」による共同出資で設立された。資本金は一二〇万円。生産したトマトは、主としてJR東日本グループで業務用として活用する。

コネクト・アグリフード・ライオンズ(東京・新橋)は、農業専門のコンサル(経営診断・指導)会社で顧客の九割が一般企業や農業法人。年間売上げ高は一億円に及び、農業参入企業を支援している。

★失敗事例の背景

このように異業種企業の農業参入も注目すべきトレンドと言ってよい。しかし、申すまでもないが、成功事例のみではない。前述したとおり、参入企業のなかには「販路の開拓」「収益性の向上」「資金の確保」など、採算面に頭を痛める例もあり、農業の将来性にかけて参入するものの、採算性の壁にぶつかるケースも少なくない。

失敗例としてよく知られている例が電子機器メーカー・**オムロン**の系列会社エム・エー・エム・アソシエーション（ＭＡＭＡ）のケースだ。同社は北海道千歳市に一〇haの巨大な温室を設置して、甘味に富むトマト栽培に取り組んだが、三年後に撤退した。経営そのものの採算割れに加え、親会社が乗り出した造林会社経営の破綻も加わって、その影響を受けたためだった。カジュアル衣料専門店**ユニクロ**も一二年前、永田農業研究所（東京）、りょくけん（静岡県浜松市）などと業務提携して、コメ、野菜、果実（リンゴ、ミカン）などの栽培に乗り出し、高級レストランへの販売を手掛けたが、水や肥料を極端に減らす農法につまづき、農業面から撤退している。

また一般に、ひところ建設業の参入も目立った。機材が農業面にも有効活用できる点が参入の動機だったし、国・自治体等の財政難から土木建設予算が削られたための〝緊急避難〟のケースが相次いだ。しかし、予算の復活とともに元の現業に戻った例が少なくない。

★企業の農業参入で警戒すべき点

一般企業の場合、原料の仕入れや労働力の雇用には、当然ながら企業独特の〝両天秤の論理〟が働き、企業にとって条件の良い方が選択され悪い方は簡単に捨てられる。ここに資本の本質があることを忘れてはならない。また、業績不振を理由として農業から撤退するのが、いわゆる〝資本の論理〟なのである。一般企業の場合、往々にして農地が産業廃棄物の置き場所に利用されるケースもある。農業への参入の〝真剣度〟はマチマチであることを認識し、農業サイドとしては常に警戒する必要がある。

従前から政府、つまり農水省は、農業生産法人について認定する際の経営面の要件を国家戦略特区で緩和する方向を打ち出してきた。つまり、売上高の半分超が農業（加工・販売などを含む）であることとする要件は当分変えられないが、前述のとおり、要件の緩和には企業側の意図をも視野に入れた行政スタンスをとり続けている。企業側は、かねてから農業の収益力を上げるには、農作業よりも経営戦略などに専念できる役員を増やしたいとして、要件の緩和を求めてきた。もっとも、一般企業は得てして採算がとれない場合に農業から撤退してしまい、かえって農地が荒れかねないと懸念する声は大きい。

自民、公明両党は平成二八年二月二四日に開かれた国家戦略会議での企業の農地所有を条件付きで限定的に認める同特区法改正案を出し実現の方向となった。①企業が農地を取得する際には、いったん自治体が買い戻す②農地の荒廃時などには、企業から自治体が買い戻す③企業が農地を所有する理由の公表などが柱となっている。兵庫県養父市、新潟市、愛知県など、担い手が不足し、このままでは耕作放棄地が増える可能性が高いところに適用されるだろう。

★企業の農業参入で特筆すべき点

前にご紹介した農林中金総合研究所の室屋有宏氏は「農林余話」二〇一五年五月号でも、概略次の見解を記しておられる。御見解を要約し、筆者の考え方も加えたい。

★大企業参入の現段階と課題

(1) 農業技術の問題……企業の農業参入は、全体として今後も増加基調にある。しかし、企業にとっては農業者レベルの生産技術の習得は容易でない。参入ブームには今後「調整」、つまりブレーキがかかる可能性もある。

(2) 地域との共存共栄……企業側も、地域との関係の重要性を再認識する必要がある。地域との共存共栄を図ることが不可欠。農地、技術、人材、情報など、参入役の経営発展のための重要なファクター（要素）は、地域や、地域との関連性の中にある。つまり、地域とのつながりが重要で、企業と地域との共生関係をつくり出すことが大切だ。

(3) 地域主導の企業参入……やはり企業の農業参入には、地域主導型が望ましい。ややもすると企業参入は行政主導型が多く、さらに農地制度の改正を受け、大都市近郊に集中しがちである。これに対し、企業を受入れる各地域が企業へどのように受け入れ、地域活性化にどう役立てるかという点について無関心な傾向がみられる。こうした企業の地域社会へのアプローチ（接近）については、やはり農協が指導的役割を果たすことが重要だ。大半の参入企業の経営規模は小さく、平均三ha（うち一ha未満が六三％）、営農の継続が困難な企業が多い。農協は、企業を一括的に、ほぼ同様とみるのではなく、地域との連携を重視する企業との合弁事業や連携などを図っていってよいのではないか。

(4) 九九％のための農地制度……「平成の農地改革」と呼ばれる二〇〇九年の農地法改正後、企業の農業参入は容易になり、増加傾向にある。しかし一方で、依然として農地制度が参入企業の経営発展にとってブレーキになっている、との見方もあり、農地の所有が可能な農業生産制度にしていくよう、再検討を求める動きも少なくない。

こうした主張に対しては、企業参入の実態を踏まえて、以下のような理由から農業生産制度の見直しを求める動きが根強くある。

(イ) 企業を農業の成長戦略や構造改革の〝旗手〟とみる向きもあるが、問題だ。事実、参入企業は経営総面積としては増加しているものの、リース方式の総面積は五一二一haに過ぎず、日本の農地面積約四五〇万haの0．1％に過ぎない。これ以外にも、農業生産法人の設立や企業の出資による農業経営がみられるが、企業による農地利用の割合は、ごく少数に留まっている。

農地制度改正後の企業参入は都市近郊での園芸分野に集中しており、企業の参入が農業の構造改革に与えるインパクト（影響力）は、ごく限られたものだ。全体として一％足らずの参入企業のためを考えた農地制度ではなく、あくまでも九九％以上を占める農業者や、地域のための制度であることが原則である。

（ロ）参入企業を「先進的な農業経営」だと、先験的に思い込んむのは誤り。前述のとおり参入企業の経営規模は概して小さく、高度な農業技術を持ち生産性の高い経営はまだ少ない。企業の営農レベルは概して〝暗中模索〟の段階だ。現実に地域によっては農業から撤退するケースも相当数発生しており、今後、さらに増加する危険性も否定できない。

（ハ）参入企業には、そもそも農地所有の意向がないのが普通だ。特に参入の伸びが著しい大都市近郊では、農地所有のメリットが少ないのだ。一部の企業が農業生産法人を目指すのは、農業生産法人が農業施策上、一般法人より有利であるが、企業がその法人と自在にコントロール（制御）しようとの目的があるからだ。

以上、指摘したとおり、言うまでもなく農業は地域社会とは分かち難く結びついており、このもとで農業生産法人は、単なる経営主体としてだけでなく、地域社会に対して長期にわたり責任を持つべき存在だ。例えば、外国人が営農目的以外で農地を所有しようとするリスクも否定できない。この点からも企業が「地域の成員」として営農を続けるには、一定の条件が存在することは確かだ。つまり、あくまで農地制度は、長期的視点から、地域の人々との円満な社会関係を結ぶこと、さらには地域の人々との合意があることを前提とすべきである。

リース方式による企業の農業への参入は、すでに自由となっており、農業生産法人についても、企業経営者が農業者として経営の主体となることが普通である。

農地制度をさらに緩和すれば、農業や地域の活性化が一層進むという説もあるが、この考えは、現時点では〝神話〟に近く、信じにくい。

（二）「不得手な領域」としての農業……ヒックス（英国の理論経済学者。一般均衡理論を基礎にした「消費者発展論」）が、既に前世紀に「農業は資本主義にとって支配することが難しい〝不幸な領域〟」と指摘している。工業でさえ多額な固定投資を必要とし、利益の実現が必ずしも確実とは言えない。まして農業は、天候や作況の不安定性、さらには土地を含め、自然の働きかけへの対処に多くの時間を要することを考えると、工業とは比較にならないほど、リスクの高い分野と言える。

技術の進歩や行政による支援などがあっても、農業の持つ本質的な難しさは、現在でも解消されていない。それにもかかわらず、企業の農業への参入が増加する背景には、日本が置かれている経済や社会の環境の良さがあることを否定できない。実のところ農業への参入の大半は、地場企業によるものである。こうした動きは「農業の資本主義化」というよりは、「企業の多業化による農業への適応」という性格が強いと考えている。

多くの地場企業にとって、農業がそれぞれの地域の生態系と長い歴史の経過のもとで育くまれてきたという事実は、よく理解されるべきだ。参入企業が地域農業の価値を尊重し、地域とともに、その価値を高めるよう協調していくことこそが、企業の長期利益につながるものと言えよう。

＊　＊　＊

室屋氏の見解は、以上の要約のとおり、さすがに農中総研の優れた調査マンの見方であり、傾聴に値すること、絶大と言える。筆者は、この本の初版において、企業の農業参入動向を容易なものと考えていたが、必ずしも実相は、そうとも言い切れず、室屋氏の眼力、考え方から、誠に貴重な示唆をいただいた。室屋氏の地道にして説得力の強い調査と研究に改めて深甚なる敬意を表したい。なお、みずほ総研の堀千珠さんも、企業の受け入れは、地域農業活性化の道と強調している。

7　地域内発型（農業サイド）法人の動向

以上に詳説したとおり、農外企業サイドからの攻勢がこのところ大いに目立つが、もともと農業生産法人の〝本家本元〟は、言うまでもなく農業サイドの地域内発型法人である。

★農業法人化のメリット

筆者は既に二〇〇二年の『週刊エコノミスト』六月三日号において、農業法人化のメリットを次のように集約している。この原理は、今もほとんど変わらない。

①新規就農者の受け皿となり得る。農業の担い手不足に対処して農業を志す農外の人材を受け入れる場として、法人は有力である。農業法人の平均雇用人数は約一二人で、地域雇用にも重要な役割を果たしている。

②経理管理能力の発揮。農業経営の自立を図るには、経営計画、労務管理、経理記録などの経営管理能力が不可欠であり、このためには法人化が有効。

③対外信用力の向上。計数管理の明確化や各種法定業務を伴うため、取引上の信用力が向上し、融資や補助金が受けやすくなる。

④雇用労務関係の明確化と福利厚生の向上。就業規則の整備や給与制の導入、社会保険の適用によって就業条件が確保される結果、従業員の雇用が安定化し円滑化する。

⑤多様な人材の確保と個性の発揮。農業機械のオペレートが上手な人は耕作担当、パソコン操作が得意の人は経理担当、説得力に秀でた人は販売促進担当というように、多様な人材を確保し個性を発揮させる。

⑥税制面における有利性。給与や必要経費を損金に算入できるうえ、法人税の適用も受けられる。

ただし、法人経営には次のような制約要因もある。石川県野々市町で、㈱ぶった農産を経営する佛田利弘氏は「法人だと最初に役員報酬を決めるが、これは会社から見ればコストです。それを最初に決めて、それで利益が出るように収量や栽培計画を決めなければならない。そうすると、振れ幅が大きいと経営自体が難しくなる。でも個人農家だったら、今年は三〇〇万円の所得なので来年はそれで暮らしましょう、ということができる」との見解だ。

こうした事情から「一戸一法人」という形を採る農業者も少なくない。経営者が近在の農業者を臨時雇用し日給制でカバーするやり方だ。それでも税制面のメリットは小さくない。

法人経営者の利益要求と相互研修のために一九九九年（平成一一年）に設立された日本農業法人協会には一七八〇会員が結集している。会員法人の平均売上げ高は約二億八〇〇〇万円。作目別の構成は稲作三〇・六％、畜産二五％、野菜二一・一％、その他耕種二一・九％となっている。農林中金が、この日本農業法人協会とパートナーシップ協定を締結した。農中の持つノウハウを活用し、取引先の開拓や農畜産物の輸出、融資、資本提供などを法人側に幅広く支援する方向で、極めてタイムリーな英断と言える。

筆者がかつて取材した山口県阿武郡阿東町の「船方総合農場」経営主・坂本多旦氏は「地域農業の担い手が中心となる経営体を確立するためには、法人化を推進する必要がある。従業員として入ってきた若者も、優秀な人材は将来役員となり、経営者となる道が開かれている」と、将来への展望を語っていた。

なお、秋田県大潟村など東北の六法人が立ち上げた連携組織の「東日本コメ産業生産者連合会」（会長湧井徹氏）などは、JAサイドから見たら極めて要注意の動きと言える。

★集落営農と法人化

集落内の農家が農業生産を共同で行うシステムとして、集落営農の役割が注目されている。全国には約一四万の農業集落があるが、このうち集落営農組織は一万四六四三。まだ一〇％強に過ぎない。

農業集落は平均三四haで、水田一九ha、畑一五haというのが現状だ。基本的なパターンは少数の専業農家がオペレーター（コントラクター＝契約者）となって機械を駆使し、多数派の兼業農家が農地をオペレーターに集積して、多くの場合耕作を委託する。つまり作業の受委託と機械の共同利用関係になる。集落営農が農業の担い手として認められるには、①農用地の利用集積目標、②規約の作成、③共同販売経理（経理の一元化）、④主たる従業者の所得目標、⑤法人化計画の作成—が必要とされる。

現実に集落営農組織の法人化も進み、現在法人化しているのは二九一七で、集落営農全体の二〇%。前年に比べ三二四増加している。また五年以内の法人化を計画しているのは五一一〇組織となっている。（いずれも二〇一三年二月の農水省調べ）。

集落営農の法人化は、調査開始以来九年連続で増えているのだ。現に例えば、熊本県下では、二〇一三年九月に一二の集落営農組織を再編して、農業生産法人「ネットワーク大津KK」の発足をみている。

農水省は、二〇一一年度から本格実施した戸別所得補償制度で一法人当たり定額四〇万円を支援する集落営農の法人化加算を設けている。同省経営改善課では「農業者の高齢化や担い手不足もあって、政策的な支援が法人化を促している」と、分析している。地域別では東北が三三八九と最も多く、次いで九州（二五八七）、北陸（二二九八）の順となっている。制度上の「特定農業法人」とは、担い手不足が見込まれる地域で、その地域面積の過半を集積し、一定の地縁的なまとまりをもつ、地権者の合意を得た法人である。

JAグループとしては、農地中間管理機構（農地集積バンク）を活用して農地の集積を進め、集落営農を法人化していくスタンスだ。

しかし、集落営農の法人化については「中心となるコントラクターが一人しかいない場合が多く、とてもじゃないが作業と法人経営のマネージメントができるはずがない。人間の能力からみて、それは絶対に無理」との声が各地から強く聞かれる。

この点で極めて参考になるのが、東京農大教授・谷口信和氏の多年にわたるJA出資型法人の綿密な調査研究である。やはり集落営農のマネージメントはJAの手に委ねるのが最も実践的で安全と言える。第二六回JA全国大会の議決事項でも、地域営農ビジョンの中で、JA出資型法人の役割として、担い手不在地域における新規就農者の育成、雇用、農地保全管理、作業受委託等の機能を重視している。JA全中が二〇一四年四月三日に打ち出した「JA革新プラン」でも、JA出資型法人の設立が柱の一つとされている。現実に集落営農に伴う数々の悩みを解消する〝正解〟は、JA出資型法人なのである。そして、ついにJA自らが農業に参入するケースが出現した。熊本県・「JAあしきた」が一番乗りしたのである。

JAグループが二〇〇二年に設立した「アグリビジネス投資育成KK」は農業法人への支援を目的とした会社で、資本金は一八億円。うち全農、全共連、農林中金が各三億三三〇〇万円、全中が一〇〇万円、農林漁業金融公庫（現・政策金融公庫）が八億円出資した。地域内発型の法人にとっては心強い支援組織である。

8　労働力と市場の争奪戦だが

以上に見てきたように、農業生産法人は①地域内発型（農業サイド）と②新規参入型（企業サイド）の両形態が、それぞれ業務領域を広げている。

農業サイドないしＪＡの側から見たら、企業の農業参入は明らかに〝侵略〟であり〝蚕食〟である。企業サイド法人で実際に農作業を担当するのは、多くの場合、ＪＡの正組合員なのである。このように結論付けるのは当然のことだ。しかし、当の農家にとってみれば、新たな雇用の場を得たとも言える。ＪＡグループとすれば、ただアタマから反対していさえすればよい、という情勢ではないのだ。無論、株式会社というものは株式の譲渡が自由である。農地の転売（土地ころがし）の危険性も少なくない。

しかし、量販店、外食産業の農業参入は、やはり他業種に比べ〝本気度〟に質的な違いがある。真剣勝負のスタンスなのだ。これらの会社組織は消費者の食生活と直かに向き合っているからである。できるだけ鮮度の良い農産物を安価に入手するためには、直接農場を営んで、サンプルとしてみたいとのニーズが働くのは無理もない。

筆者は、以前勤めていた家の光協会の編集者当時から取材活動を通じて、商社のバーティカルインテグレーション（垂直的統合）に組み込まれた農家の立場を四十数年間にわたり見つめてきた。畜産はもちろん、青果物でも、農家は毎年繰り返される価格の乱高下に悩まされ、市場出荷に愛想を尽かす人も少なくない。たとえチープレーバー（低資金）であろうと〝小さな安定〟を望む農家が、実は無視できないくらい多いのである。したがって、企業サイドの労働力需要（求人）に乗ってしまうのだ。

無論、ＪＡから見たら、これは組合員の重大な裏切り行為と言える。しかし、いったん契約栽培、契約飼育の安定性を味わってしまうと、ＪＡの無条件委託販売方式には、なかなか乗れなくなってしまうのも現実である。（こういう農家の心理を事前にキャッチして、無条件委託方式や、プール計算方式を修正し、品質別価格に切り換えている群馬県ＪＡ甘楽富岡の事例もある。このアイデアは黒沢賢治氏（元営農事業本部長・現理事）による。また、統制経済当時に全盛だった無条件委託方式は、しだいに減少傾向をたどっている）。

二〇〇九年の農地法改正の際、農業経済学者のなかには、企業の農業参入が容易になる事態を察して強力に反対を唱えた。その主張は農業への危機感によるものだが、耕作放棄地が全耕地面積の一割に近い四〇万haにも達しているのが現実だ。耕作放棄は国土利用上の無駄とみる一般市民の目があり、企業サイドの農業参入トレンドも、この点を突いたものでもある。

ＪＡグループでは、農地法改正に対し前述のとおり、いわば「条件つき賛成」の意思を表明した。「条件」とは「農地の所有権厳守」であり、農地の賃借、つまり利用権のみを認める立場だ。そして、法改正により農地の面的集積を進めて、集落営農の組織化を推進しようというのがJAサイドの狙いなのである。なお、地域内発型法人の優等生は多々あるが、既に挙げた山口県の船方総合農場、石川県のぶった農産のほか、千葉県香取市の和郷園（木内博一代表）、群馬の野菜くらぶ（沢浦彰治代表）、長野のトップリバー（嶋崎秀樹代表）、山梨の（株）サラダボール（田中進氏）、三重の「モクモク手づくりファーム」さらには耕作放棄地を再生させる千葉県富津《ふっつ》市の「（株）百姓王」など、実力十分の法人経営は少なくない。また、香川県小豆島の農業生産法人「井上誠耕園」が販売する緑化オリーブオイルの声価も高まっている。滋賀県JAグリーン近江も管内六〇法人を育成し支援してコメの集荷拡大、販売高増に結びつけている。さらに鹿児島県南九州市の農業法人「唐芋農場」はサツマイモを原料とする蜜を加工し注目されている。近い将来、フランスへの輸出も視野に入れている。

このほど日本農業賞の大賞に輝いた山梨県中央市の松村洋蘭（株）、愛知県弥富市の（有）鍋八農産、さらには集団組織として米麦、大豆、ソバ、野菜を大々的に生産する長野県飯島町の（株）田切農産など、日本農業のリーダーたちのほとんどが農業生産法人だ。の優れた経営者たちである。

平成一〇年度から「日本農林漁業のトップリーダー発表大会」を開催している日本農林漁

業振興協議会の中心的存在である林貞雄氏（元農水省畜産課長）は「発表者の圧倒的多数が農業法人経営者です。法人の有利性を生産面でも販売面でも最大限に発揮しているのが特色です」と、力強く語っている。

★商系資本の参入に関する筆者の取材経験から

一九七〇年に大阪・千里地区で開かれた万国博で、筆者が注目したのはケンタッキー・フライドチキンの登場であった。原料のブロイラーは三菱商事系のジャパンファームが宮崎・鹿児島といった南日本に養鶏場を設け、そこからの仕入れであるという事実をつきとめたのだった。当時、筆者は家の光協会大阪支所で東海近畿版の取材・編集を担当していた。東京に戻って『地上』の編集次長として、先の事例をカラーグラビア「万博とブロイラー」にまとめ、当時話題が起き始めた商系資本によるバーティカル・インテグレーション（垂直的統合）の伸展について、度々特集記事を構成した。以来四〇年余、筆者はこのテーマをフォローしてきた。当時、いち早くこの問題の研究に着手されていた中央大学助教授の吉田忠氏（当時）と日大講師の宮崎宏氏の対談「商社インテグレーションの手口」から実態をクローズアップ。さらに京都府立大助教授（当時）の藤谷築次氏を司会とする座談会「われら商社マン」は、大手総合商社マンたちが、彼ら独特の情報源をもとに、産地と消費地をつなぎ「安い口銭（手数料）で、ぼくらは公共的な仕事をやっているんです。卵が物価の優等生であるのも、ぼくらが安い飼料穀物を海外から引いているためです」と、当時の全購連（全農）への対抗心十分な〝気概〟を見せていたのが印象に残る。当時、三井物産の子会社・日本配合飼料で技術面を担当していた三橋寔君は静岡高校時代の私の級友で、京大農学部畜産学科を出て同社に入社しており、商社サイドの貴重な情報を耳にすることができた。商社サイドは畜産農家に飼料を供給する半面、畜舎の使用料と農家への労賃を払う契約飼育方式を採るようになっていたのである。その後、園芸部門でも契約栽培が通常のパターンとなった。

★二一世紀半ばの日本農業の姿を展望する

地域内発型（農業サイド）法人と新規参入型の企業サイド法人が農業生産に占めるシェアは、この先ますます拡大するだろう。「農業は法人（会社）がするもの」という一般の認識も高まるに違いない。政府は、現在約一万ある農業生産法人の経営体数を一〇年後には五万に拡大する方針である。したがって、集落営農の法人化（多分にJA出資型法人の発展）と、一戸一法人を含めると、地域内発型の農業生産法人はさらに拡大の方向に進むだろう。また企業サイド法人の農地所有権を認める方向であることも見てとれる。

こうしたトレンドを見定めて、農協法は二〇〇一年（平成一三年）度に法人の正組合員化を認める改正をしている。これはJA全中の先見性ある要請が実現したものだった。

前述したとおり、JAの正組合員である専業農家と言えども、企業サイドが差し出す雇用機会の〝誘惑〟には、なかなか勝てるものではない。結局のところ、両サイドによる労働力とマーケットの争奪戦、攻防戦が激化することになる。筆者は、この状況を〝荒野の決闘〟と名付けるのである。しかし、必ずしも法人化への道を採らず、むしろ年金等の農外収入を軸に、副収入源として農業を続ける第二種兼業形態の家族経営も、かなり〝残存〟するだろうから、三つの形態によるマダラ模様となる可能性も小さくない。

両サイド法人の共存、つまり〝棲み分け〟の知恵が働く可能性もある。二〇一四年（平成二六年）五月に発表されたＪＡと経団連との連携プランでは、農業生産法人に関して、企業の農地所有や出資比率についても検討されるトレンドだ。企業のノウハウを生かし、法人を育成する方向や、ＪＡ・企業双方からの出資についても現実的な研究が進められていく。

例えば、水利や農道の共同補修作業工事等を伴う土地利用型（水田型）農業は地域内発型（農業サイド）法人の主たるエリアとし、土地利用度の少ない畜産や施設園芸などは企業サイド法人の参入を認める分野とする―といった、双方の共生的棲み分けが考えられる。つまり共存であり、「Ｗｉｎ・Ｗｉｎ」の関係と見ることもできる。

さらにＪＡについて言及すると、正組合員が企業サイド法人に雇用されれば、いわゆる「剰余価値」は企業側に吸い取られる図式となるが、彼らが得た賃金の相当部分（四割程度か）は、ＪＡ貯金やＪＡ共済の掛け金として吸収されるので、ＪＡにとって〝マルマルの損〟とはならない。ここにＪＡ組織の強みがあると、見ることもできる。

結論として、ＪＡグループの一隅に所属して取材活動を続けてきた筆者としては、地域内発型の法人、とりわけＪＡ出資型法人の発展に期待をかける立場である。

ただ、今や量販店は農産物流通の主たる川下となっている。（半面、街の米屋、八百屋、肉屋といった小売店は激減している）。ＪＡグループとして、量販店をただ一方的に敵視すればよい、という情勢ではない。現にＪＡ全農はＡコープと伊藤忠系のファミリーマートとの一体的店舗を全国的展開する方向となった。両サイドの協調が農家の利益になるのなら、敢えて敵対関係を続けるべきでなく、提携の方向も考えるべきだ、との声も聞こえるようになった。このトレンドをも視野に収めておく必要がある。

〈付記〉本稿はＪＡ共済連ＯＢを中心とする同人誌「共済仲間の談話室」への掲載原稿に新しい情報を大幅に採り入れ加筆したものである。同誌編集長の藤塚捨雄氏のご熱意には頭が下がる。本稿執筆に必要な情報については次の方々から貴重な示唆を頂いた。心より感謝申し上げたい。▽協同組合研究所元理事長・農学博士・福間莞爾氏　▽農林中金元副理事長・向井地純一氏　▽日本農業新聞常務理事・築地原優二氏　▽ＪＡ鹿児島中央会専務理事・片平金也氏　▽農中総研主任研究員・室屋有宏氏。

三　誤解多い「食料自給率」の概念

日本の食料自給率は世界的にみても低い水準にある。しかし、食料自給率の低さは必ずしも惨めな数値とは言えず、食料安全保障の破綻を意味するものでもない。

わが国の食料自給率（カロリーベース）は一九六五年に七三％だったが、九八年以降は四〇％前後と横ばいの状態が続いている。さらに国際比較に用いられる穀物自給率では二八％という低さだ。主要先進国の穀物自給率はフランスが一八六％、米国が一一九％、ドイツが一一一％、英国が一〇九％と、いずれも一〇〇％を超えている。

食料自給率は、国内産（分子）を国内消費（分母）で除し、一〇〇を乗じた数値だ。カロリーベースで計算すると、野菜、果物など低カロリー作物の生産は正しく反映できない。また金額ベースでは、日本の食料自給率は七〇％となるが、この計算方法だと生産者によるコストダウンの努力がマイナスに作用する特徴がある。

独り歩きする数値

四〇％前後というわが国の食料自給率は、数値ばかりが独り歩きをしているようだ。消費者グループの女性たちは「日本の食料自給率はエチオピアやバングラディシュよりも低い。

いったい日本はどうなるのか」と、いまにもわが国に食料危機が迫っているかのような不安の声を上げている。無知というほかない。その責任は自給率数値至上主義を唱える、無知も極まりない学者たちにあることは、いうまでもない。

もちろん食料自給率は、高い数値であることに越したことはない。農林水産省も食料自給率が低い現状を放置できず、九九年に制定した食料・農業・農村基本法第一五条で、食料自給率の向上を国家目標に揚げ、農政の新基本計画にそのための工程表を盛り込んだ。そして、副農水相を議長とする「飼料自給率向上戦略会議」を立ち上げた。また、地方公共団体や農業団体、消費者団体、食品産業などと合同で食料自給率の向上を推進する「食料自給率向上協議会」を発足させた。協議会は、消費・生産の両面から、二つの今後の重点課題を揚げている。かつて民主党政権当時、農水副大臣は「自給率一〇〇%をめざす」と迷言を吐き、無知をさらけ出したものだ。

①消費面＝実践的な「食育」と「地産地消（地場生産・地場消費）」の全国展開、国産農産物の消費拡大、国産品に対する消費者の信頼確保、②生産面＝農業の担い手の確保、需要に即した農業生産の促進、食品産業と農業の連携強化、担い手への農地の利用集積——である。

このうち、生産面については的確にポイントを押さえている。しかし、消費面については、それぞれは有意義だが、決め手に欠け、数値に反映されにくい策だ。消費拡大といっても、人間が消費できる容量は限られており、例えばコメと牛乳の消費はトレードオフ（二律背反）の関係にある。また、自給率の分母である消費が増えるだけでは数値が下がるだけで、分子の国産農産物の生産を増やす必要がある。ただ数値の上昇は、担い手不足や農地がネック（隘路）となっており、容易ではない。

主因は飼料穀物の大量輸入

食料自給率低下の決定的な原因は、国民の食料消費構造の大きな変化だ。それは、食肉・油脂などの需要上昇のため、家畜用飼料穀物（トウモロコシなど）を年間二〇〇〇万t余りも輸入している事実に反映されている。二〇〇〇万t余りの穀物を栽培するには、日本の農地（約四八〇万ha）の約二・五倍の耕地面積が必要となる。これだけの飼料穀物を国内で自給しきれないのは自明の事実だ。いくら生産を振興させても、日本畜産の巨大な飼料需要を賄いきれるものではない。農地、労働力、生産コストがこれに対応できないのである。

飼料穀物の輸入により、日本人は食肉や乳製品を大量に消費するという「飽食」状況にある。現に残飯など食物の廃棄量は年間約六〇〇万tで、コメの生産量に近い。しかも主食のコメは、いまだ生産過剰で一〇〇万haの生産調整を必要としている。行政は、戦時下や統制経済下なら別だが、平時に国民の食料消費性向を直接的にコントロールすることは不可能だ。

それに五ポイント上昇させたところで、食料安全保障上、ほとんど意味がない。

世界的な異常気象、あるいは局地紛争によるシーレーンの断絶という不測の場合に、自給率四五%だからといって危機を回避できるものではない。食料有事の際には、土地収用法を発動してゴルフ場や公園なども畑にして、ムギ類、イモ類などの作物を強制的に栽培させるしかない。また、果樹園など火急でないものはやめ、サツマイモのようにカロリーの取れる作物に転換させる。石油も優先的に食料生産に配分し、配給制度を復活させるしかない。つまり当面、有事の食料安全保障と食料自給率とは、ほとんど無関係と考えるしかないのだ。

農政要求の「錦の御旗」

では、いま提起されている食料自給率の向上策は、今後成果が上げられるのか。筆者の観測では、さらに目標先送りの「逃げ水」現象となるだろう可能性が高い。

農水省の試算によれば、自給率を一ポイント上げるためには現状よりムギで二倍、ダイズで三倍に作付け面積を拡大しなければならない。そのためには価格補填という下駄を履かせるなど、補助金という財政的インセンティブ（誘因）が必要となる。つまり、食料自給率の向上は極めて困難だ。ただ、先に挙げた「課題」の実践は、ただちに数値に反映できなくても農業生産のテコ入れには役立つ。新基本法一五条で掲げた自給率向上の国家目標は、農家や農業関係者にとって、農政要求推進の「錦の御旗」になるからだ。

農業界や農業論壇には、食料自給率についての誤解が多く、出口と入り口を取り違えた倒錯論が横行している。その一つが、兼業農家に動員をかけて数値を上げようという案だ。農業から片脚を抜き、農外収入によって経営リスクを分散させている安定的な兼業農家に、いまさら「国家のために」と増産を呼びかけても応じるはずがない。また、農業の担い手の確保よりもまず自給率の向上が先とする意見や、食料自給率の低迷は農政の責任にのみ帰する「革新」陣営からの批判もある。いずれも、無知からくるナンセンスな発言だ。そもそも、食料自給率はさまざまな努力の後から結果としてついてくる数値なのだ。

大切なのは「自給力」

自給率の低さは「飽食の宴」のツケである。自給率の数値のみに一喜一憂し、小手先だけの自給率向上策に血まなことなるのは小児病的間違いだ。まして数値至上主義はナンセンスに近い。飢餓に嘆くバングラディシュやエチオピアの穀物自給率は、国連食糧農業機関（FAO）の統計によれば八五％という高さだ。アフリカのサハラ以南の諸国もほとんど、穀物自給率は日本より高い。しかし、これら途上国は農産物を輸入するだけの外貨がなく、自国で生産できる食料を貧しくとも分かち合うか、奪い合って生きているかのどちらかだ。

当然、これらの国の栄養水準も極めて低い。国連統計でも、世界には栄養不良人口が八億人も存在する。また、わが国でも江戸時代や明治維新期、昭和の終戦前後は、食料自給率が約一〇〇％だった。つまり、数値が高ければよいというものでもない。

日本の自給率の低さは、逆に食料を大量に輸入できるだけの外貨を日本が保有している表れでもある。必ずしも惨めな数値ではない。つまり、食料確保には外交の力がいかに大きいかをも示唆しているのであり、一国の食料主権を確立することは、国家の自立上不可欠なことだ。食料は国際関係のパワーポリティクスを左右する重要な戦略物資である。それだけに、大切なのは食料自給率の数値よりも自給力そのものなのだ。自給力を高め、輸入ソースを多元化し、リスクを分散することが重要である。自給力向上には、担い手と農地の確保が不可欠だ。「困った時は原点に戻れ」との教訓は、食料・農業の分野にも当てはまるのである。

（「エコノミスト」二〇〇六年三月一四日号に大幅加筆）

四　農業における〝合成の誤謬〟

――食料自給率向上と有機農業の相いれないパラドックス

食物の安全性が問われている。農薬や化学肥料を使わない有機農業に注目が集まる一方で、日本の食料自給率は極端に低い。残念ながら現状では、両立しない食料自給率と安全性の間に、日本の農業が抱える問題が潜んでいる。経済学における「合成の誤謬」とは、個別主体としては真であっても、全体としてみると真になるとは限らないことをいう。農業の分野でも、そのことが認められる。一般に、食料の自給率向上を唱える人が有機農業による「食」の安全性を主張するケースが多い。とくに「進歩的」「革新的」な農業論者ほど、何の疑問も抱かずに、この二つの命題を言い放っている。

有機農業での増収は至難の業

環境保全型農業つまり有機農業等による安全な食物を求める人が、他方で食料自給率の向上を主張する。これが農業の分野で一般的な傾向なのだが、果たして無条件で妥当性のある事柄なのだろうか。農薬や化学肥料を使用せず、土作りを重視した有機農業の趣旨や普及には筆者も賛意を表するが、有機農法による生産は一般的に減収を覚悟しなければならないことを認識すべきだろう。

もちろん、例えば山形県高畠町の星寛治氏を中心とする有機農業研究会や「まほろばの里農学校」に集う人々、さらには有機農業の先駆者である埼玉県小川町の金子美登氏らのように、収穫を落とさず滋味豊かで安全な農産物を生産している実践家が実在することは確かである。

「近代化の負の遺産を克服しようと立ち上がったのが有機農業運動である」これが星氏の持論だ。「二一世紀は『生命と環境』の世紀といわれる。私たち人間の生命は、農林水産業の生み出す食べ物によって育まれ、与えられる。だから、生命を大切にすることは、農を大切にすることである」（『農から明日を読む』集英社新書）との星氏の真摯な主張には心からの賛意と敬意を覚える。

しかし一般的には、有機農業での増収は至難の業である。アジア・モンスーン地帯に位置して病害虫の発生が旺盛なわが国では、三割前後の減収は避け難いというのが、農村ルポを半世紀にわたって続けている筆者の観察であり実感である。「有機農業の趣旨には賛成だが、実際にはやっぱり農薬がないと困る……」との農家の声を何度耳にしたことか。

先にあげた山形県の星寛治氏と佐賀県の農民作家、山下惣一氏の対談を、農村向け総合雑誌『地上』の編集長当時に企画したことがある。「ぼくには有機農業をする勇気がなくて」とは、山下さんの実感と氏一流の風刺精神のこもった言葉であった。減収に加え、無農薬の田畑が害虫の巣になり、結局、近隣の田畑への迷惑にもなるという事情もある。

東北大学名誉教授の河相一成氏は「環境保全型農業（有機農業）は手間と時間がかかる、いわば効率性の低い生産にならざるを得ないから、労働生産性は低下するのが常識だ」と、言明している。河相氏の一貫したマルクス主義農政論には、賛同し得ないが、この意見には同意したい。

有機農法で養えるのは日本人口の三分一

有機農法の場合、一般的には労働生産性のみならず土地生産性（単位面積当たり収量）も低下する。しかも除草剤撒布の代わりに人手による草取りが必要だから、その分の労賃がかかる。当然、有機農産物の価格は割高でなければならない。そうでないと再生産はできないからだ。

言い換えると有機農産物の安全性は「付加価値」とも言える。最近では、作った人の「顔の見える」農作物へのニーズが高まり、消費者と生産者とが産直の形で結び付くケースが増えている。半面、安全性をカネで買うところから、「金持ち産直」の批判もないではない。

かつて筆者は東京大学農学部名誉教授の今村奈良臣氏に、オール有機農業だと日本人はどのくらい養えるかを訊ねたことがある。「せいぜい四〇〇〇万人」というのが今村氏の答えであった。明治の初期まで、わが国の農業は完全な有機農法によるものであり、明治維新直後の一八七二年におけるわが国の人口は三四八一万人だった。その後の品種改良や技術の向上によって、養える人口数は当時より上回っていることは当然だが、有機農法による収量の限界は厳しく認識する必要がある。

米国カリフォルニア大学環境毒物学科の松村文夫教授は「もし地球上に農薬がなかったら、いま六〇億の地球人口は半分に減ってしまう」と断言。そして「農薬のリスクに対する警戒は必要だが、同時に農薬のベネフィット（恩恵）についても考えなくてはいけない」と語った。農薬メーカーの肩を持つわけではないが、筆者も松村教授の言説を認めざるを得ない。

自給率低下の原因は飼料用穀物の大量輸入

わが国の食料自給率は、カロリーベースで四〇％前後、穀物自給率は二七％というのが実態である。フランスの一九八％を筆頭に軒並み一〇〇％を上回る欧米各国と比べると、極端に低い数値であることは言うまでもない。一九九九年に制定された食料・農業・農村基本法の第一五条では、食料自給率の向上を明確に宣言している。

わが国の食料自給率がこれほどまでに低い最大の原因は、飼料用穀物が年間二八〇〇万ｔも輸入されていることである。背景にあるのは、飽食ともいえる日本人の食生活が膨大な食肉・乳製品の消費を生みだしていることだ。四五三万haのわが国の農地では、トウモロコシ、コムギなどの飼料用穀物を自給できない。巨大な飼料需要を賄うためには日本の農地の二倍余の一二〇〇万haを必要とする。食肉・乳製品の消費が現状のままだと、大量の輸入に頼らざるを得ないのだ。

冷厳な数字がある。農水省資料によると、わが国の食料自給率を一ポイント上げるには、コムギで二倍、ダイズで三倍も作付面積を拡大しなければならない。自給率向上の至難さは、この数字を見ても十分に認識できる。

もっとも、食料自給率は高ければよいというものでもない。明治初期までと、終戦前後のわが国の自給率は一〇〇％だったが、国民の食料事情は悲惨極まりなかった。生活程度が低下するほど食料自給率は上がるのだ。また、たとえ一〇年後に五ポイント自給率を上げてみても、食料安全保障上は意味のある数値とは言えない。

自給率向上の施策として、国はムギ、ダイズ、飼料作物の増産を奨励している。いずれもコメの減反に伴う転作作物である。生産装置としての水田をメンテナンス（維持）するためには不可欠だが、一〇a当たり一〇万円前後の奨励金が必要になる。言わば補助金というゲタばきの自給率向上政策なのである。逆に農家の側からすれば、自給率向上を錦の御旗として、これら作物の生産をテコ入れしようという戦略でもあるわけだ。

わが国農業の根本的な問題は、担い手不足による耕作放棄地の拡大をどう防止するかという難題である。農業者の高齢化で、キャベツ、ハクサイなどの重量野菜は収穫・運搬労力の負担が大きくなっている。必然的にこれら青果物の生産は減退し、不足を補う輸入も増大している。生鮮野菜の輸入は年間九〇万トンを突破した。いわば農業の空洞化である。既に四〇万haに達した耕作放棄の進行に、ストップをかける担い手の確保こそが先決問題であり、自給率はこの努力のあとについてくる数値なのである。農業法人化を含む多様な担い手対策が強く望まれる。

視野の広い農政論を

論点を本稿の主題に戻すと、有機農業の徹底と食料自給率の向上とは、残念ながら整合性を欠いて噛み合わない。問題なのは、一部の有機農業論者や一部の食料自給論者が、ややもすると視野の狭い原理主義的な思考に陥りがちなことである。独善的な視点から冷静な現状認識の目とバランス感覚を失いがちなのである。

もともと有機農業は、理想主義実現に向けてのチャレンジであり、むしろ現代文明へのアンチテーゼとして大きな意味がある。したがって、万能ではなく、その限界をわきまえるべきだ。大切なことは、農業の空洞化を憂い、担い手問題に知恵を集中することである。必要なことは、極端な原理主義から離別して視野の広い農政論に立ち返ることである。

食料自給率の向上と有機農業の普及は、経済学上の「合成の誤謬」と言ってよい。

（「週刊エコノミスト」二〇〇二年一月六日号に大幅加筆）

五　減反四〇年に思う
――檜垣徳太郎氏の誤算と宮脇朝男氏の見込み

五年先の減反停止が決められた時、わがＪＡグループは一斉に反対の意を唱えた。ＯＢの一人である私には実に情けない報道であった。確かに、この補助金制度でＪＡの経営は大きく助けられた。戸別所得補償と背中合わせの制度だが、「補助金しか当てにできない農業なら、息子には、こんな惨めな思いをさせたくない」とオヤジさんたちは一様に感じとった。従ってコメ作り部門は担い手に最も苦労している。これは永年にわたる私の取材を通しての実感である。

平成の初期、長野県中野市を取材で訪れた時、イグサに似た植物が水田に見渡す限り続いていた。思わずＪＡの指導員さんに「こちらでも畳表を造り始めたんですか」と訊ねたところ「いやいや、これは耕作放棄田のアシですよ」という返事。アジアモンスーン地帯だけに、雑草繁茂の減反田はいろいろ見てきたが、こういう風景は珍しかった。

減反四〇年。こうも続いたのはなぜか。率直に言ってＪＡグループ全体の惰性と言うしかない。それに減反の言い出しっぺは昭和四五年の農林事務次官・檜垣徳太郎氏。米価の低落を防ぐための措置だったが、転作を義務付けるべきであった。不耕作地まで補助金を出したのは致命的な政策ミスだった。

わが国の水田の荒れ模様を国民作家・司馬遼太郎は韓国農村との比較で嘆きまくった。（『街道をゆく』第二巻）。瀬戸内寂聴も有吉佐和子も同様だった。これでは一般国民が減反を支持するわけがない。私は『家の光』の編集デスクの時、有吉さんと宮脇朝男全中会長との対談を企画・取材した。昭和五〇年だった。農業通の有吉さんは「減反をするよりも、反収が低くておいしいおコメがいろいろありますよ」と斬り込んだ。宮脇会長は、そんなことは百も承知だが「それでは農協陣営の収入が減ってしまう」という事情を口に出すわけにはいかず、「先生のおっしゃるとおりですがモゴモゴ」と、話題を変えるのに努められた。（詳しくは拙著『昭和を彩った作家と芸能人』（国書刊行会参照））宮脇会長との初対面は昭和四一年香川県経済連が設置した畜産コンビナートの取材の時だった。全共連の部長で香川出身の笠松健一氏（のち専務）も会長室に先客として来ておられ、氏と共に讃岐うどんをご馳走になった。

その時に会長との面識は一応できたが、全中会長として減反をどう思うのか、いつまで続けるつもりなのかの本音を聞くのは、よほどの間柄でなくてはできない。当時、全中会長室には家の光協会同期の畏友である吉田忠文君が〝宮脇広報〟の任に当っていた。優れたスポークスマンだったが、いくら同期とはいえ、非公式の裏話を聞くことはできない。

それで、宮脇会長に気に入られていた家の光協会の〝お局さま〟即ち淀君級だったWさんのお尻の後ろについて、会長常宿のダイヤモンドホテルに〝夜討ち〟をかけることを思いついた。以来、このホテルのバーで深夜、宮脇会長のハラを探る行動を度々試みた。

そのうちに判ってきたことは、会長が社会党左派の人だけあって、法政大学の大島清教授や東大の大内力教授といった労農派の価格闘争論に傾倒していることだった。そして減反を価格闘争の一形態である計画生産と位置づけておられることだった。

「一体いつまで減反を続ける気ですか?」ある晩、私は会長に問うてみた。「まあ、せいぜいおれの任期と、その後数年がいいところだ」というのが会長のハラだった。まさか四〇年余も続くとは、さしもの会長も見通せなかったのは無理もない。

ところで、この度の「減反ストップ」の言い出しっぺは誰あろう。ローソンの会長・新浪剛史氏である。新浪氏は慶大を出て三菱商事に入り、ハーバード・ビジネススクールにも留学し、ローソンの設立に参加した。凄腕の人だ。氏は政府の産業競争力会議で農業問題の主査を務め、アベノミクス農政の〝陰の実力者〟となっている。

ローソンは量販店の中でも農業参入に最も熱心な代表格だ。ローソンファームの全国展開は急ピッチで、北海道(十勝)から九州(鹿児島)まで全国一六カ所、約三〇〇haに法人形態の農場を設立している。農家や市場から青果物を仕入れるだけでなく、自らの手で新鮮安全安価な青果物を調達しているのだ。ファームに雇われて作業をする人たちはJAの正組合員であることを見落としてはならない。農協陣営が〝蚕食〟されているのである。

秋田県の大潟村を眺めると、減反を守らずにコメ作りを続けた涌井徹氏は、いまや「東日本コメ産業生産者連合会」を立ち上げるほどの〝勝ち組〟となった。一方、減反を厳守してきた東北大出身の学士農民坂本進一郎さんは（私など何度も氏を訪れて支援の記事を書いたものだが）、残念ながら涌井氏に比べ旗色は悪い。

こういう残酷な物語が減反政策の裏面には横たわっているのである。

ごく近年、農水省の高級官僚として知られる奥原正明氏から本音を聞いたことがある。「農水省の中で減反を良しと思っているものは一人もいない。ただ正直者がバカをみる行政だけは、やりたくないの一心からだ」と。

（「共済仲間の談話室」二〇一四年六月号）

六　家族農業の評価と位置付け

国連が二〇一四年を「国際家族農業年」と定めたことから、文学畑では農民作家の山下惣一氏、農業団体畑では農林中金総合研究所の常務から農村金融研究会の専務理事に就任された原弘平氏を中心に「家族農業こそ本来の農業のあり方」とする主張が熱意を込めて提起されている。筆者も両氏についてはよく存じあげ、その鋭い問題提起には心からの共感と敬意を抱く人間の一人である。

特に山下惣一氏については、初対面が一九七二年、佐賀県唐津市に在住される氏を、当時『地上』編集次長であった筆者が訪ね、執筆を依頼して以来の四〇年にわたるお付き合いの間柄である。無論、家の光協会の編集者としては、私が初の接触者だ。そのことを私は常々、ひそかな誇りとして心に抱いている。最近、家の光協会から刊行された『日本人は「食なき国」を望むのか』には、家族農業こそ日本農業の〝本流〟であることの強いアピールが貫かれており、読む者の感動を誘わないではおかない本である。

一方、原氏は、私がフリーライターとなって一〇年後、農林中金職員であった氏がアグリビジネス投資育成株式会社の代表執行役員に就任されて以来、折り節につけ、氏のひたむきな研究スピリットに心を動かされてきた。

両氏の主張の共通点は、商社等の農業法人化（農業への参入）が活発となり、ややもすると「家族農業よ、そこのけ、そこのけ、会社農業さまのお通りだ」といった風潮への抵抗心である。怒りにも似た両氏のモチーフをジャーナリストである私が判らぬはずはない。

ただし、これにはいろいろな条件がつく。すなわち、会社農業の進出を許した農業サイドの弱味についての認識である。いま耕作放棄地は四〇万haに達しており、これは全耕作地四五三万haの一割に近い面積だ。要するに限られた国土の浪費と言うほかはない。そこへ商系法人が進出してくるのをただ〝けしからぬ〟とクレームをつけるわけにはいかない情勢となっている。

その詳細は本書第一部の「二 両サイド法人は〝Win−Winの方向〟か?」に詳述しているので、ご参照頂きたい。商社マンも量販店の経営者も、生半可な気持ちで農業部門に進出しているわけではない。しかし、山下惣一氏による警告、すなわち「会社経営の寿命は四〇年」という指摘、「株式会社は儲からないと見極めた以上、さっさと農業から撤退する。それが株式会社の論理だ」という指摘には耳を傾けなければならない。

私は、常々「日本農業のキーワードは〝まだら模様〟」という実感を深めつつある。家族農業と会社農業の併存という姿を認めざるを得なくなっている。JAの正組合員が株式会社である農業法人の従業員となっている姿は、まさしく商業資本によるJAへの〝蚕食〟だ。「けしからぬ」という怒りも十分に分かる。しかし一方、個々の農家にしてみれば、雇用の機会という利得心も働くのが実態だ。しかも今やほとんどの農産物流通の〝川下〟はスーパー・コンビニ等の量販店で占められている。逆に言えば個人商店としての八百屋、米屋の店仕舞いが(悲しいことに)進んでいる。JAサイドとしても、ただ敵視していればよいという時代ではなくなった。逆に、大切な〝お客様〟となっているのだ。

また農業サイドも集落営農によるJA出資型法人が主流とならざるを得ない。機械のオペレーターが法人のマネージメントまでも行う能力は一般的に期待できない。しかし、この農業サイド法人も少数の専業農家と多数の兼業農家による集団である。ともに家族農業のサバイバル（生き残り）のパターンなのだ。

それに主として節税対策としての〝一戸一法人〟も、これからは増加していく傾向にある。農業の法人化は一概に家族農業の否定とはならない——という実態を、きちんと抑えていく必要がある。また、アメリカやカナダ、オーストラリアには一〇〇ha前後の大規模な家族経営がザラに存在する。経営の主導権は一家の主人が握り、多数の労働者を雇って農作業を進めるパターンが多い。グローバルで見た場合、家族農業イコール小規模農業とは言えなくなっている。日本に残る家族経営も、昔は米作プラスアルファ（野菜・果樹・畜産など）の複合経営が一般的だったが、今やアルファ（年金・賃金・家賃収入等）プラス米作というパターンが兼業農家の主たる姿となっている。

前記の山下氏や原氏も、この実態は無論知り抜いておられる。両氏ともに「ややもすると家族農業が軽視される風潮」への抵抗感が、主張のエネルギーとなっているのだ。

この先、農業サイドと企業サイドは、敵対視のスタンスからウイン・ウイン（共存）のスタンスに変わらざるを得ない。現に、農家の貯金を集めた農林中金の資金運用のパターンの一つ、関連産業融資の仕向け先には大手総合商社や量販店も含まれている。これを一方的に

「敵に塩を贈っている」と非難はできない。残念ながら農業サイドの資金需要は相対的に弱く、九三・六兆円を超える資金の運用先として、これらの業界を無視することができないのが現実なのである。農政ジャーナリスト仲間の畏友、岸康彦氏が初代校長に就任した日本農業経営大学校には、財界からの賛助金が目立ち、無論その中には大手総合商社も量販店もズラリと名前を並べている。「企業は農業の敵だ」と見ていた昔の〝常識〟を修正して、これから減少化する日本の人口の状況下、〝食・いのちの根源〟という国民の生存意識のもとで、商業資本とも、ある局面では手をつなぐ度量の広さが、農業サイドにも求められていること――これがまぎれもない現実だし、多年にわたり農業取材を続けてきた筆者の辿りついた〝結論〟でもある。

七　法社会学と農林業との関係

筆者は学生時代の昭和二九年（一九五四年）民主主義科学者協会（民科）の会員として、法律部会をオルグし、初代の幹事を務めた。その時、法学部内の法社会学研究会にも出入りし、助手、畑穣氏（のち九州大教授）や上級生、松原邦明氏（のち弘前大教授）の指導を受けた。従って、日本の法社会学が研究対象として農林業に重点を置いていることも、その時知り得た。法社会学はデュルケムの社会分業論、マックス・ウェーバー、G・ギュルウイッチ、ルーマン、パウンドなどの社会学を基礎に、オーストリアの法学者エールリッヒ（一八六二―一九二二）が、実定法の淵源としての〝生ける法〟の重要性に着目し、論証づけを試みたことから生まれた。〝生ける法（レーベン・レヒト）〟とは民間の慣習法として守られている社会規範のことである。実定法の解釈学に偏していた法律学の在り方を批判し、「科学としての法学」を樹立したところに法社会学の存在意義がある。

わが国では民法学者の末広厳太郎（東京帝大教授）をルーツとし、川島武宜、戒能通孝によって戦後大きく発展した。川島氏の「日本社会の家族的構成」、戒能の「小繋」研究、つまり岩手県小繋村にあった入会権を巡る紛争の研究が法社会学の輝ける〝金字塔〟となるに至る。

戒能通孝氏は私が入学した昭和二八年春には早大を退き、都立大学に移っていたが、その後、この大学で学ばれた現・早大教授の小林英夫氏は、戒能氏から民法の基礎講座を履修された。しかし、「戒能先生の講義は一年中、小繋問題だけでしたよ。結局、民法の基礎知識は学ぶことができませんでした」とのこと。終生小繋の入会権をめぐる法廷闘争に尽力した戒能氏だが、教育者としては極めて自己本位で、学生のことなど考慮しなかったと判る。

筆者が法社会学に関心を抱き始めた時期は民科早大班法律部会をスタートさせた頃からである。川島氏の門下生としては、東大の渡辺洋三、潮見俊隆、唄《ばい》孝一の研究が注目されるに至る。潮見教授のレクチャーは、実は筆者が静岡高校新聞部員として取材した経験がある。昭和二五年（一九五〇年）のことだ。潮見氏は漁業権の研究に熱を入れられていた。

昭和二〇年代の後半『中央公論』に連載された、近藤康男氏（東京大教授）の門下生らによるレポート「貧しさからの解放」は、農山漁村の〝生ける法〟、つまり水利権、入会権、漁業権の実態にメスを入れたもので、法社会学研究としても注目された。しかしこのシリーズは昭和二六年（一九五一年）の日本共産党新綱領（いわゆる徳田綱領）の「正しさ」を立証するのに役立てられた。当時の法社会学は、いわば代々木の〝侍女〟の如き存在だったのだ。

当時は共産党色の濃い「日本資本主義講座・戦後日本の政治と経済」（岩波）の全盛時代で、日本の論壇は、ほとんど岩波の支配下にあった。岩波に認められなければ、学者として生きていけない時代だった。

法社会学もその例外ではなく、農地改革の不徹底ぶりなど、日本のアンシャンレジーム（旧制度）を明らかにして、結果的に、日本共産党の「正しさ」を証拠立てる〝侍女〟の役割を果たした。それでいて、長谷川正安氏（名大教授）木田純一氏（中央大教授）らを中心とするマルクス主義法学派からは「法社会学はブルジョアに奉仕する学問だ」と、悪しざまに非難されていた。筆者は学者レベルの民科法律部会を法政大学の六角校舎で傍聴し、実際にこの状況を目撃している。当時の法社会学派は哀れな存在でもあった。

農村の〝生ける法〟に着目した学派は、農業経済学畑では古島敏雄教授（東京大農学部）一門の調査活動が注目され、さらに利谷信成氏、中尾英俊氏の農村社会研究も脚光を浴びる。農村対象に限らず法社会学的手法による研究が法学の各部門に広がり、筆者が記憶しているだけでも、黒木三郎、星野安三郎、須永淳、正田彬、小林孝輔の各氏がいる。また筆者の母校では中山和久（労働法）、宮坂富之助（協同組合法）、牛山積（公害法）等の法社会学的研究業績に筆者は関心を抱いた。昭和四〇年代から平成初期まで、筆者は雑誌の取材・編集活動に集中し、法社会学への関心は棚上げの状態が続いた。しかし、農業法学会での早大教授・楜決能生氏の農地問題に関する的確な論考には感じ入っている。

最近、これぞ法社会学研究の成果として注目したのが、塩谷博康、岩崎由美子著『食と農でつなぐ 福島から』（岩波新書）である。大震災と原爆事故の犠牲地、福島県下における女性農業者たちが、食と農を媒介として地域の人々と築き上げた信頼関係の感動的な記録である。著者二人は、いずれも母校の学部を共にする関係で、特に岩崎女史は筆者が家の光協会の編集者当時、地域社会計画センターの一員として、農村女性起業の調査研究にチェレンジしており、筆者と意見交換したり、農業協同組合新聞の座談会に共に出席したこともある。母親を介護しながら、研究を続ける女性法社会学者の成長に拍手を贈りたい。

八　協同組合運動の将来展望と緊要な課題

経済体制論と協同組合

一九八〇年の第二七回ＩＣＡ（国際協同組合同盟）大会に提出されたレイドロウ報告のなかで「協同組合セクター論」が積極的に打ち出されたことと同時に注目されるのは、それが混合経済体制のなかで位置づけられた点である。ここで経済体制論と協同組合論をクロスさせて考えてみたい。「混合経済」とは、米国のケインズ派経済学者ハンセンが用いだした言葉だ。公と私、つまり政府と民間の経済活動における混合を指すわけで、現代の資本主義においては国家による経済への介入により、若干の産業が国有化されて公共部門が拡大し、計画経済的要素を強めている。その結果、計画経済と自由経済の要素を「混合」した経済体制となっているという見方である。オランダの経済学者ティンバーゲンのように、資本主義と社会主義がともに混合経済化を深めて両体制はついには「収斂」するという理論すら出されている。

「混合経済」という概念については、マルクス主義の側から、それは国家独占資本主義体制を隠蔽する欺瞞的な概念であるとの批判が出されていた。しかし、国家独占資本主義の概念も、経済活動に対する国家の介入、基礎産業の国有国営などの状況を指すものであり、マルクス主義の側から見た混合経済のとらえ方と考えられる。レイドロウ博士が混合経済の概念のなかで協同組合を位置づけたことは、あながち現代資本主義を欺瞞的に見たものと片づけることはできない。

現にスウェーデンは、社会主義的な福祉政策と自由経済の両極が混在する、すぐれた混合経済システムによって運営されている。スウェーデンでは福祉サービスは政府の手で、私的財貨は自由市場でという混合経済システムのなかで、協同組合も経済活動の主役の一つを担っている。協同組合運動の全経済活動に占めるシェアは小売業の一八％、生命保険契約の一〇％、農林漁業生産の実に八〇％を占めている。

小売業の二〇％近くを協同組合が占め全世帯の半分が協同組合を利用しているスウェーデンでは、明らかに国民経済の中に協同組合セクターが確立されていると見てよい。しかもスウェーデンでは、協同組合が生産分野まで進出して、私的企業の独占的支配を阻止する強力な役割を果たしている。つまり、協同組合は一つの経済的部門として私的独占に対する拮抗力としての役割を発揮しているのである。

デンマークでも人口の一八％に当たる九〇万人が消費協同組合員であり、全世帯の半数が協同組合を利用している。その他ノルウェーでもフィンランドでも、協同組合は製造業、金融、住宅建設などの分野に進出して、私企業の独占力に対する拮抗力となっている。こうした北欧諸国の協同活動のあり方は、混合経済における協同組合セクターの確立を具現化したものといえる。社会民主主義政党の力により、協同組合がセクターとして確立されている国は、それぞれに理念としての協同組合主義が実践化された例として見ることもできる。

かつて東畑精一氏の唱えた「資本主義でもなく社会主義でもなく一個独特の社会原理」としての「協同組合主義」は、資本主義の永久化に奉仕する「幻想」として、マルクス主義の近藤康男氏によって否定された。戦前、近藤氏は協同組合の機能を「商業的中間利潤の節約」としてとらえ、戦後は「独占資本に奉仕する国家機関」と農協を規定し、独占資本の吸い上げパイプ論を『続貧しさからの解放』（昭和二九年）で展開した。

近藤理論はその時々の時代をリードする最も先端的な協同組合論として高く評価された時期もあったが、歴史という時間的制約をまぬがれない理論であることも事実である。資本主義か、しからずんば社会主義かという二元論のフレームの中で考えられた時代の協同組合論でもある。そして資本主義の次には歴史法則上の「必然」として社会主義が到来するという史観から協同組合が論じられた時代でもあり、その意味で「協同組合主義」は「幻想」と見なされたわけであるが、もはや、ベルリンの壁崩壊後の二一世紀は、これまでの史観に拘束されない協同組合論が叫ばれてもよい時期に来ている。マルクス主義者が、かつて唱えたように、高度に発達した資本主義が「腐朽」して、しかるのちに社会主義が到来するという図式的な史観は既に説得性を失った。それより「テイクオフ」の概念をもって社会の「成熟」の度合いを測るW・W・ロストウ元テキサス大学教授の成長段階説のほうが、歴史的な妥当性を持つに至った。協同組合の発展方向も、従来の図式にとらわれない史観で見定める必要がある。

農協運動の長期的展望

レイドロウ報告は新しい協同組合主義の理論の一つであり、その「協同組合地域社会の建設」の方向は、わが国の農協運動のあり方に有力なヒントを提供するものである。

協同組合地域社会実現のもう一つの手がかりは、協同組合間協同の道である。これは一九八〇年の第二七回ICA大会で採択された原則の一つであり、レイドロウ報告でも「あらゆる組織の協同組合組織は、各段階において、生産と消費者の橋渡しをしなければならない」として、協同組合間協同の原則を長期的展望のなかに据えている。わが国でも生協、農協、漁協の間で協同の事例が少なからずあり、今後その提携活動は強められていく方向にある。協同組合間協同のシエアはまだ小さいが、生協には一〇〇〇万人の組合員があり、漁協も四〇万の組合員を擁している。今後、農水産物の流通直結を通じて協同組合間協同のネットワークはもっと広がりを見せていくだろう。これも農協の地域組合的運営の伸展と並んで、協同組合地域社会建設へのモメント（契機）となるにちがいない。

ハーバード大学のガルブレイス教授は、カウンターベイリング・パワー（拮抗力）の理論で、動態的な資本主義変容論を展開し、ビッグ・ビジネスの私的独占力、市場支配力に対抗する力として、労働組合、消費組合、中小企業組合、農業組合などの拮抗力をあげられた。（『アメリカの資本主義』）

わが国では佐賀大学名誉教授の伊東勇夫氏が「独占資本に対する自衛組織」として、またさらには「抵抗運動」として協同組合を概念規定されたが、これも協同組合の持つカウンターベイリング・パワーを評価した理論と見ることができる。伊東氏は農協のあるべき目標の一つとして「地域農業を担う農業センター的役割」をあげておられた。従来の農協と違って今日の農協は流通業務のみにとどまらず、農業の生産過程に深く足を踏みこまざるを得なくなっている。農協の手によって地域農業振興計画をつくり、農協が土地再編や生産組織化の中心的な役割を果たしている事例も少なくない。系統農協が打ち出している農業振興方策でも、農用地利用集積機能の強化や集落営農の育成などの生産面対策を重要課題としている。

これからの運動の核を農業生産過程に置き、外延部に准組合員や地域住民を位置づけて、地域協同組合社会の建設をめざす、さらには生協・漁協との提携によって、協同組合ネットワークの領域の拡大を進める方向に、農協運動の今後の進路があるように考えられる。

二一　世紀半ば以降に直面する問題と農協の課題

今後、日本は世界でも稀に見る人口減少時代に直面する。「一〇〇年後は明治の人口水準に逆戻りする」との人口推計も出てきた。高齢者は相対的に〝爆発増〟となり、医療・介護不足は〝待ったなし！〟の状況となる。高齢者の病床不足も心配されている。

高齢化によって労働力市場が劣化すると、生産性の低下も生じ、生活水準は日本全体で二割も下がるという予測もある。社会保障の負担が高まり、経済の活力は低下せざるを得ない。貯蓄率が低下し、資本の形成を阻害する。地方の過疎化は一層進み、地方消滅の危機さえ叫ばれるようになった。「消滅市町村」が論議される事態なのだ。当然「限界集落」には危機が迫る。こういう事態のなかで、ＪＡは地域経済の拠点として、いまこそこれらの問題に対処する使命を担わなければならない。〝買い物難民〟の救済はＪＡの手で行うべきである。

人口減少で労働力不足が深刻化し、人材獲得競争は激化する。当然、ＪＡ女性部員の労働力も〝引っぱりダコ〟となる。この動きをＪＡは、いかに逆手にとることができるか。食の七〇％以上が加工食品となる時代が目前に迫っている。ＪＡグループは全農を中心として、この課題に積極的に取り組まなければならない。百貨店など小売り店の衰退が心配されている状況は、ＪＡの購買事業にもそのまま当てはまる。むしろ百貨店では不可能な直売所などの〝小業〟が勝負どころとなりそうだ。

自治体の公的サービスも消滅しそうだ。その空隙を埋めるのもＪＡの役割ではないか。社会保障の崩壊で〝一億総「老後難民」〟の恐怖も叫ばれている。ＪＡの事業活動の重点は福祉に置くべき時代となる。はっきり言えば〝ふるさと資本主義〟の中核をＪＡは目指さなければならない。いま世界の経済論壇で最も注目されている存在は、フランスの経済学者、トマ・ピケティの『二一世紀の資本』だ。ピケティの論旨は、①資本収益率は経済成長率を上回っている、②所得と富の不平等は二一世紀を通じてさらに拡大していく、③格差を食い止めるには、グローバル（全地域的）な累進課税が必要だ――の三点に集約できる。

要するに経済格差の拡大で中間層は解体され、極く少数の富者と圧倒的多数の貧者とに分かれてしまうのが二一世紀の世界経済だ、という恐るべき観測である。

こういう時代のトレンドのなかで、ＪＡを含む協同組合は何をなすべきか。答えは明白である。協同組合陣営に課せられた使命は〝格差の拡大防止〟のための協同活動をおいて他にない。今こそ協同組合の〝出番〟だという声が、筆者の耳には聞こえてならない。全世界の協同組合人よ、結集して奮起せよ！

九　二一世紀半ばに向けた日本農業の展開方向とＪＡの役割

――農村取材のなかで見えてきたこと

「まだら模様」と「役割分担」

「農業をやるのもわしら一代限りです」

毎月農村を取材に歩く筆者は何回この言葉を耳にしたことだろう。また、「この集落で農業を専業としてやっているのは、うち一軒だけです」との声もしばしば聞く。現に、大分県の国東半島で洋ランを栽培していた従弟の加温ハウスを訪ねたときも、こうした声を従弟から直かに耳にし、改めてその感を深くした。

新基本法の制定前後から、とりわけ食料自給率に関する危機感と自給率向上のための論議が高まっているが、自給率向上の大前提となるのは担い手問題である。担い手問題を抜きにした論議は説得力を欠く。ややもすると自給率の数字ばかりが独り歩きして、空疎な議論となりがちである。自給率という目標数値は努力のあとから付いてくるものなのだ。

日本農業が二一世紀の半ばに向かって、どのように変化するのか、そして農政はどのような展開をみせるのか。

生産者農家はもとより、農業関係者はみな期待と不安が相半ばする思いで、等しくこれらの問題への関心を深めているはずである。

ズバリ結論から先に述べると、キーワードは「まだら模様」と「役割分担」である。二一世紀の農村社会は、有限会社を中心とする農業生産法人に加えて、商業資本や農外資本によるインテグレーション（統合）攻勢も進み、一段と企業化した農業経営が無視できないシェアを占めるだろう。しかしもう一方では、兼業農家を中心とする家族経営が農地の資産的保有という形で生き続けることと思われる。つまり、企業的経営と家族経営が共存する形での〝まだら模様〟が二一世紀の農村社会の基調的なデザインとなっていくはずである。

その場合、施設園芸と中小家畜部門では企業的経営が大きく進出し、土地利用型耕種部門では家族経営が作業受託者の助けを借りる形で辛うじて生き残っていくだろう。肉牛肥育や酪農等の大家畜についても、北海道に見られるとおり、家族経営が主流となって維持されていくものと思われる。

耕作放棄防止のために

「まだら模様」は、JAグループの組織形態についても同様なことが言えるだろう。一方では組合員数一万人を越すマンモス広域農協が大きな地歩を占めていく。既に一県一JAとなった奈良県をはじめ、香川、大分、佐賀、沖縄、島根、山口などの各県でも一県一ＪＡが実現。他方では、合併の道を選択せずに、大分県下郷農協のようにいわゆる「銘柄ＪＡ」として小規模のまま存続し続ける〝個性派ＪＡ〟も残存していく模様だ。

農村社会も農業経営も、そしてＪＡも〝まだら模様〟という絵柄を浮き立たせて、二一世紀半ばへのサバイバルを図っていくものと思われる。ＪＡの連合会も共済事業の他は当分「まだら模様」を続けるだろう。

農村社会において最も憂うべき現象は耕作放棄の増大で、いまや四〇万haにまで広がっている。（憂うべき現象には違いないが、最近畏友山下惣一氏（作家）から、忠告を受けた。「耕作放棄地は、もともと条件不利の農地であり、何も農家が好きこのんで耕作を放棄しているわけじゃない。」と手紙をよこしてくれた山下氏にコツンと頭を叩かれる思いだった。）この耕作放棄を防止するためには、多数派の兼業農家と少数派の専業農家との間の〝橋渡し〟（集落営農）が必要である。その役割を担うのがＪＡだ。

兼業農家は、農地を所有しているものの労働力が不足している。「土日農業」とか「ウィークエンド・ファーマー」と言われるように農作業を片手間で続けてきたものの、若い世代の農業離れで片手間農業も先細りとなっている。

他方では農業機械を揃え労働力も充分な専業農家が経営規模の拡大を志向している。機械をオペレートする能力はあっても肝心な農地が不足し稼動率が低いままというケースが多い。しかし、機械のオペレート能力があるかと言って、法人のマネージメント能力まで期待するのは酷である。人間の能力には限りがあるのだ。

この兼業・専業双方の農家のニーズを満たし耕作放棄を解消していくためには、やはりJAの仲立ちが必要である。JAが農地法第三条第八項による農地保有合理化法人の許可を得て、農地の売買・貸借事業を自ら行う資格、さらにはJA出資型法人の方向に進むことが望まれる。そのことにより農地の利用権設定が円滑に進み、作業や経営の受委託もスムーズに進展していくからだ。

地域営農のシステム化

JAには地域営農マネジメント・システムのオルガナイザーとしての役割も期待される。わが国には一四万の農業集落がある。一集落の農地は三〇ha前後だ。そして一集落に平均三戸ほどの専業農家が存在するので、農地の賃貸借や作業・経営の受委託が進むと、専業農家は一〇ha前後の農地を耕作できる形となる。JAが中心となってこうした農地の保有合理化を進める形態が大泉一貫氏の提唱されるとおり地域営農マネジメント・システムなのである。

専業農家の稀少価値から地代（借地料）はこの先限りなくゼロに近づく。このシステムが軌道に乗ると、集落は一つの「農場」と同様に機能することになる。これが「集落営農」のパターンとなるわけだ。

このようにJAの管内でも、一つの集落内においても、専業農家と兼業農家の「役割分担」が今後の営農の重要なカギとなる。集落内のさまざまな「役」の分担については、不利益平等負担も含めて納得のいくワークシェアリング（労働力の分担）が今後強く望まれる。

JAを中心とする、このような営農システムが、いわば二一世紀農業の基本型となるが、株式会社も条件付きで農業への参入が認められることになった。農外資本の出資比率や法人議決権には二分の一以下という制限条件が付けられている。しかも「農作業時に常時従事する役員が一名確保されなければならない」と釘を打たれている。

総合商社等を中心とする農外資本が現地の農家集団と連携し契約栽培（飼育）という形で農業経営に足を踏み入れる方式は増大するだろう。商業の場合、流通の川下ではスーパーなどの量販店と繋がるケースが多いので、やはり相応の対応が必要だ。

農業サイドとしては、集落内の流動農地を独占的に引き受ける特定農業法人を集落営農の中に位置付け活用していくことが望まれる。JA出資の農業生産法人を設立する積極策も各地で見られるようになった。一般的に農業生産法人は、農外の若者が農業に参入する際の受け皿としても大きく機能する。若者たちは法人の従業員としてスタートし、ゆくゆくは法人の経営者をめざす。このパターンを「日本型アグロ・ラダー」（農業階梯）と名付け勇気付けている論者が畏友で元広島県立大教授の笛木昭氏である。

ともあれ二一世紀半ばの日本農業は「まだら模様」と「役割分担」をキーワードとして展開していきそうである。そのなかでのＪＡの役割を積極的かつ明確に位置付けたＪＡグループの実践に心より期待したい。

一〇　ＪＡ生き残り策私案
――バッシングの嵐のなかで

規制改革会議や産業競争力会議からの攻撃を受けて、ＪＡグループはあろうことか「諸悪の根源」とまで極めつけられるようになった。今やＪＡグループに身を置く者は誰しも歯噛みする思いで農協へのバッシングをいかにはねのけるか、その方途に腐心し、突破口を求めている。農協マンは、この逆風のなかにあって、何としてもＪＡ生き残りの方途を模索しなければならない局面に立たされているのだ。

ＪＡ全中は、奥野新会長のもとで「ＪＡ自己改革」の方策を打ち出した。系統農協はこの新路線に則って改革の道をひた走ることになるわけだが、筆者はＪＡの活路を二つの色に求めたい。

グリーンとシルバー

それはグリーン（緑の供給）とシルバー（高齢者福祉）である。「シルバー」については紙数の制約があり、ここでは、農協の活路の一つが、介護施設の設置、ホームヘルパーの養成等の「シルバー産業化」であることの指摘を重点にとどめることにする。

「グリーン」については、その発揮の仕方に思い切ったメリハリを利かせてほしいのである。それは例えば青果物の場合、「輸送園芸」と称される中央市場向けの遠隔物だけに生産・販売を特化するのではなく、常に一定量を地場の直売向けに区分けすることである。ロット（販売数量）の重点を市場向けに置くことは当然としても、朝市・青空市場あるいはAコープ等の自己店舗における直売にも意を用いてほしい。

地元の野菜が中央市場に運ばれ、それが転送されて鮮度を落として産地周辺に返ってくる従来の流通ルートが、どれほど地元民の信望を損ねたことか。この愚はもはや繰り返してはなるまい。地場消費向けの販売は、市場出荷の手数料収入だけでは計り難いショーウインドー効果がある。新鮮で安全な野菜や果物を常に供給してくれる農協に地域住民は好感度をもち、高齢者福祉に力を入れる農協の姿に共感を覚える。それが直接、間接、貯金や共済、店舗や

ＳＳの利用に結びつく可能性は少なくないだろう。そこに懇切な相談活動が加われば、他の金融機関と農協とを明確に〝差別化〟する、農協ならではの強みとなるはずだ。

究極の組織再編「一県一農協」

ＪＡ改革の主軸となるのが単協の合併と連合会の統合であるが、私はあえて「一県一農協」をもって究極の組織再編と考えたい。現実にこの構想を実現させているのは奈良、香川、佐賀、沖縄、大分、島根、山口と七県に達している。これらの県はいずれも県域面積が小さいことで知られるが、そのような面積の大小広狭を超える組織論的なコンセプト（概念）としても「一県一農協」は疑いなく合理性をもち、経営強化につながる。

現に私が畏敬する東大名誉教授の佐伯尚美氏は、個々の単協の信用事業規模と手腕の程度に危惧を抱かれ、「一県一信用事業統合体」論を提起しておられる。佐伯氏の場合、それが「信用事業分離論」と結びついているところに特色がある。農協の信用事業を県域規模とし、その中に信連を吸収させる考え方は示唆に富んでいる。ほとんどの生協は既に県単位を業務領域としバイイングパワー（購買力）を結集している。ＪＡも大規模化したとしても、支所、支店の機能を生かして集落段階での営農・生活面サービス（例えば、ＴＡＣ（とことん会ってコミュニケーション））をキメ細かく実行してカバーすることは十分にできるはずだ。どの県にも過疎地は必ず存在する。この区域に対する生活支援と福祉の強化は、農協の存在理由として欠かせない。一県一農協の大義名分ともなる。

人事面でのソフトランディングも

連合会の統合も単協の合併も、どうやら現実的には、それを望まずに独自の道を選択する連合会、単協があり、「まだら模様」の様相が濃くなっている。

それならば、多くの生協が採っているように「一県一単協」の抜本的な広域合併を進め、県連をその中に統合する道を選んだほうが、組織的なアイデンティティー(同一性)が得られる。人事面にしても、全国で信連九、〇〇〇人、共済連七、〇〇〇人、経済連二万人の職員が全国連と単協に〝泣き別れ〟という事態は想像するだにミゼラブルである。やはりここは(表現は悪いが)県連、単協とも〝ガラガラポン〟で県域JAの本所(本店)や支所(支店)に再配置するほうが明朗であり、県連職員のプライドも守られる。「一県一農協」は県連生き残りのソフトランディング策としても望ましい形態といえる。加えて、長年にわたり経済連が育ててあげてきた各県独自の農産物ブランド(例えば岩手の「純精米」「純情野菜」)を保持することもできるわけだ。

県内の数多くの支所(支店)は、協同組合研究家の伊藤喜代次氏が説くとおり「施設型サービス事業体」として旧単協の個性を維持しながら地域のニーズに応える方途を講ずればよい。「広域合併で組合員との距離が遠くなる」という俗論を退ける方途はいくらでもある。何と言っても、組合員と直接接触する支所・支店・営農センターの活動を強化することだ。現在進行中の広域合併は「一県一農協」という最終目標に到達するまでのプロセスと考える。

協同組合ルネサンスへの期待――「地域運営マネジメント」の強化を

二一世紀は「福祉の時代」と言える。崩壊した社会主義イデオロギーのオルタナティブ（代案）として協同組合主義が意味をもってきた。相互扶助という本来の協同組合理念が福祉の隠し味として現実味を帯びてきた。まさに新しいクリーピング・コーペラティズム（忍びよる協同組合主義）の世紀に入っているだけに、一連のJA改革も「協同組合ルネサンス」に相応しいてことなることを切望したい。

規制改革会議等の干渉で特に中央会の機能は翼をもがれても、単位JAは大泉一貫氏提唱の如く、キメ細かい「地域運営マネージメント」、例えば山間地の〝買い物難民〟救済など、落合浩介氏提唱の「里山資本主義」と「人口減」につながる福祉活動は山積している。この点への認識と自覚が大切だ。キーワードは「里山資本主義」である。

一一　東畑精一先生は、かく語れり「農業は家業にあらず」

半世紀前の、秋山ちえ子さんとの対談

昭和四一年『家の光』一月号で、東京・紀尾井町にあった当時日本風の旅館のようなたたずまいの福田家の奥座敷で、東畑精一先生からお話を聞いたことがある。聞き手は評論家の秋山ちえ子さんであった。ちょうど半世紀前、東畑先生は「農業は家業ではない」と、見抜いておられた。今日、この対談を読んで脂汗を流す人が少なくないであろう。この対談は、私が設営した企画であった。

高まってきた教育熱

秋山　わたくし、この二年間『家の光』の仕事やら、テレビ『日本の女性風土記』の取材やらで、毎週一回、日本のどこかへ出かけて、農村の女の方とお話し合う機会をもっていますの。

東畑　ほほおっ、そりゃたいしたもんだ。

秋山 それで最近びっくりしていることの一つは、農村にも教育熱がたいへん高まっていることですね。この前、福岡近郊の農村に行きましたら一〇〇％高校進学で、しかもみんな普通高校に行っていました。大学なども、こどもが希望すれば出してやりたいということで、もう農業は自分たち一代だけでやめてもいいと言うおかあさんがたくさんいました。わたくしも〝それはそれでいいじゃないですか〟と答えておいたんですが、やっぱり日本は、農業を切り離しては成り立たない、若い人にとって農業を魅力あるものにするために、どこかでだれかが考えなければいけないんじゃないだろうかと思いました。いままで、こうした面の指導者の方にお会いする機会がございませんでしたので、この際、おたずねしたいと思うんです。教育熱心が、かえってこどもたちを農村から遠ざけていないかというのが、わたくしの疑問です。まちがっておりますでしょうか。

東畑 いや、まちがっちゃいない。しかし、日本では、医者と農業だけですよ。息子に跡を継がすというのは。その他の職業では、別に〝家業〟という考えはないんですね。むしろ、おやじのやっている商売を見て、あれならやめとこう（笑）と、若い連中は考える。それが自然じゃないですか。農業というのは家業意識が強くて、それが若い者の足を、引っぱり過ぎたんです。ですから、わたしは、好きなことをやりたまえ、能力に応じたことをやるのがいいんではないかと、いつも言っております。若い人が農村からいなくなるというが、いっぺんは、そういう状態を通過しないと、ほんとうのいい農業は生まれないんじゃないかと思うんです。

秋山　農業の好きな人だけが、農業をすればいいわけですね。

東畑　ええ、自分からすすんで選んだ職業として、農業をやるんだ。おやじの跡を継ぐのではないんだ、という観念は、もっと農村にあってもいい。そうなってくると、農村以外の人でも、おれは農業をやりたいという人が出てくる。どうも、青年が農村から離れて行くことばかり心配しているようだが、よそで農業をやりたいという人を、受け入れる態勢が、日本ではまだできていないんですよ。

父親よ、自信を持て

秋山　わたくしも、いま先生がおっしゃったように、農業をやりたい人に、みんな農地を上げればいい、やりたくない人に、いくら〝やれ〟と言ったって、しょうがないんだから、いっぺんパァッと整理の意味で、農地の配分をやり直せばいいと、福岡での話し合いで、申し上げたんです。跡継ぎの問題など、あまり大騒ぎしないでと思ってたんですけど、よその人が農業をしたいといったばあい、たいへんむずかしいですね。土地がなかなか手に入らないとかで……。

東畑　できないんです、地価が高くて。こう地価が値上がりするとは、農業基本法をつくるときにも予期していなかったことです。農地をほったらかして、いつも儲かるというのでは、離村するにしても、農地だけは残しておいて外に出る。農業基本法も、この点では改正しなければいかんです。まあ、いまの調子でいくと、未来永劫、農業をやらんという土地は、地価が下がっていくでしょう。現に、そういう動きは出てきました。

秋山　わたくし、神奈川県相模原にある女子短期大学に行ったんです。そこの農業科の娘さんたちに一人ひとり聞いたんですけど、実にしっかりしているんです。農業をやってみたいけれど、お父さんの農業じゃいやだから、お兄さんと一緒にやるために、ここに入学しましたとか（笑）、お母さんのやっている生活改善普及員の仕事に感銘し、自分もそれをやってみたいとか、ブラジルの農村花嫁になりたいから入学しましたとか、この短大に、そういうことを意識している七〇人の娘さんがいるということをね。聞いてみると、父親が農業に自信を持っていたり、おかあさんが指導員をやっていたり、ということが、たいへん影響をしているんです。だから、やっぱり若い人が農業を離れていく一つの原因に、親の自信のなさみたいなものが、あるいは惰性だとか不勉強みたいなのが、あるんじゃないかしら。

東畑　東大の神谷慶治教授が、どこでしたか、農村へ行って、農業の進歩を妨げるものは何かと聞いたら、〝おやじです〟という答えが、いちばん多かったというんですね（笑）。父親が頑固だったり、あるいは自信がなかったりすると、これはこどもにたいして、影響を与えると思うんです。逆に、父親に自信なり、意欲というものがあれば、青年たちをもっと農村にひきつけるでしょうが……。

秋山　新潟県の農業教育センターに行ったときも、中学を出たばかりの女生徒たちが、とても溌剌《はつらつ》としていて、帰ったら農業をやります、ただし、おとうさんに手紙を出して、わたしのいうことを聞いてくれたら、と言うんです。例えば、私の仕事に対して月給をくれとか、そういう手紙を出しましたというのが、いっぱいいるんです。わたくし、たいへんおもしろいと思いました。ところで先生、全般的に農業高校というのは、どうしてあんなに敬遠されるんでしょう。

東畑　農業高校は、まだ数が多すぎるし、しかも大多数は設備が悪い。農業機械科といっても、貧弱なトラクターが一台あるだけというような学校が多いんです。一つの県に三つも四つも農高をつくるより、もっと一か所に集中して、りっぱな設備の学校をつくればいいと、わたしは言っているんです。

秋山　ことしはぜひ、農業高校の内容を充実していただきたいと思います。教育の場というのは、今後の日本の農業にとって、たいへん重要ですし、教育効果というものは、計り知れませんもの。これはひとつ、ことしの要望として、とり上げてほしいものです。

東畑　農業高校の先生も、農業に対して、もっと自信を持ってほしい。

一度いい味を

東畑　大原幽学という江戸時代の農学者は、家の一方の端に老人夫婦を住まわせ、もう一方の端に若夫婦を住まわせたそうですね。父親は息子たちに、もっとこういう意味での独立を与えたらいいと思うんです。それに、息子がなにか新しいことをやりたがるというのは、進歩の動機になるのだから、自分の土地を、息子に小作させたらどうか。他人と思って、おまえに小作さしてやる、小作料もってこい、もし、息子が失敗すれば、おとうさん、なるほど、わたしはまちがっていた、ということがわかるかもしれない、よくいけば、これほど結構なことはないじゃありませんか、と話したことがあるんです。そういう意味の親子の契約ということが、だいぶ農村にもはいってきましたね。

秋山　契約なんて言うのが、親と子の世代で成り立つとか、休日をどうしょうとか、こういうことが実現してまいりますと、農業はサラリーマンより自由が持てるし、おもしろい仕事じゃないかと思いますね。

東畑　サラリーマンは、生産と生活とのけじめが、はっきりしている。農業は、そのけじめが明確でなかった。それさえ、きちっとすれば……。

秋山　ちがってまいりますね。

東畑　わたしが、昨年、和歌山県の有名なミカン地帯に行ったら……。

秋山　竜門ですか。わたくしも行きました。

東畑　実にうれしかったですな、ほとんどの家が自動車を持っていて……。

秋山　奥さんがみんな免許証持って。

東畑　コンクリート建ての、りっぱな家を建てている。この地区では、嫁にくる人が、だいたい短大卒以上だそうです。男は大学卒。要するに村から若い人が出たがらんようですな。兄弟の多い家では、車があるから隣の地区に土地を買って、そこで次男がミカンを経営している。とんでもない明るいところですね。うれしいことは、カキがずいぶんあっちこっちになっていて、ほったらかしてある、とる人がいないんですね。わたしは村を歩きながら、これはうまそうだといって、とって食べたんですけどね（笑）。

秋山　あそこには大変な奇特家がいて、戦前にミカンでだいぶもうけたとき、そのお金を全部寄付して、農道の一部を舗装したんだそうです。そうしたら、みんなたいへん便利だということがわかって、つまりいい味をおぼえて、みんなでお金を出し合い、県からも補助金をもらって、地区内の農道を全部舗装したんですね。なにかそういう〝いい味〟というのを、政府の方でも、一度味わわせてくださるというのが、たいせつじゃないでしょうか。さそい水みたいなのが。

東畑 なにかにつけ、農業は頭を要する仕事であるということが、青年たちにわかってきますからね。

心配な主婦農業

秋山 最近の女の人も。いろいろとものを考え、くふうするようになりました。夫が現金収入をふやすために出稼ぎにいく、そういうことで、女手に全部の労働が回ってしまう。そういう追い詰められたところで、ものすごくいいくふうをしています。岩手県の一関から、ちょっとはいったところでは、二五戸の奥さんたちが話し合って、田植えやイネ刈りを共同でやるようになり、さらに農繁期の炊事まで協力してやってのけ、女手だけで平均一・五ヘクタールほどの田んぼの作業をやっています。ほんとうにわたくし感心したんですけれど、でも一方では、やはりこういう状態でいいんだろうかと、思いました。先生、主婦農業というのは、当分、続くんでしょうか。

東畑 しばらく続くんでしょう。しかし逆に続かんようになっていく要素を、同時に養っておるわけです。というのは、生活についての意欲や関心が非常に高まってきた。衣食住、ことに料理とか栄養などについての関心が高くなり、家庭の主婦としての仕事が、だんだんふえてくる。だから理想的な意味では、やはり、女は〝家内〟になって、男が高度な農業をやる、とこういうことにならざるをえなくなるでしょう。

秋山　女は、やはり一家の柱になって働くということじゃなくて、いい家庭をつくるとか、こどもを産んで育てるとか、もっと女だけにしかできない仕事に専念するのが、本筋でしょうね。

東畑　だいたいご婦人が、農業と家事の両方をやるというのは、無理なことですよ。

秋山　どうも農村の女の人は、がんばり屋ですね。それを男の人が、うまく利用しているみたいな面があります。たとえば、兵庫県の丹波のある村では、近所に工場ができたので、一人の夫が自動車の運転手になっていったんですって。そうしたらその工場で、もっと人手が欲しいということになったんですが、どうも運転手のほうが楽だというんで、そこの集落の夫たちが、全部運転手になっちゃったと言います。

東畑　農業を女にまかせっきりというのは、もうこのへんで反省しなきゃ、いけませんよ。

秋山　わたくし、もう一つ心配になったのは、これはたいへん理想的といわれる地区なんですが、保育所がない、どういうわけか、とたずねたら、保育所には入れるこどもがいないというんです。やっぱり、主婦だけに、農業と家事と両方の負担がかかってまいりますと、産児制限というようなことで、労力をセーブするとか、そんなことになりかねませんね。

質のいい農業に

東畑　まあ、これからは、いろんな職業が数あるなかで、農業を選択するという青年がふえてくることによって、農業は、また男の手に戻ってくるでしょうな。事実、新しく農業に就く男性の学歴は非常に高くなっています。

秋山　質のいい農業経営が、ふえつつあるということですね。

東畑　農業日本一などの表彰を受ける人に〝戦後百姓〟が多い。彼らは農業をやりたくって、はじめた人たちです。そうして試験場などに行って、分からない点を聞いて、聞きまくるんです。

秋山　〝先祖伝来の土地〟という考え方に、しばられていない人たちですね。

東畑　〝先祖伝来の土地〟でも、いいんです。その息子が、おれはどこへでも行けるんだが、あえて農業をやると、頭のなかでひっくり返してやってくれれば、たとえ伝来の土地でも、本人からいえば、自由に選択したんだと、こういうことになりますから。

秋山　そうしますと、さしあたってことしの農村ですが、まだそれほど大きな変化はでてこないでしょうか。

東畑　まあ、急激な変化はないだろうが、しかし一歩一歩と、いい農業形態がふえてくると思うんです。多少、いまの不景気ということも手つだうでしょうが、郷里を離れて都会へ出た若い人のうち、次三男は別として長男は、果たして東京や大阪で、どれだけの生活をやっていけるのか、たいしたことはできないじゃないか――ということが、だんだんわかってくるでしょうね。そうすると、自分の郷里が、はたしてそんなまずいものであるかどうかと、こういう意識が出てくると思う。そういう意味で、あなたのいうとおり、非常に明るい農業が増えてくるでしょう。

秋山　ありがとうございました。

（秋山ちえ子さんは平成二八年四月六日に逝去された。享年九九歳と天寿を全うされた。心よりご冥福をお祈り致したい）

三　系統金融へのアドバイス
――現代にも繋がる貴重な教訓・日銀政策委員当時（一九七〇年）の東畑四郎氏はかく語れり

金融効率化の波紋

――金融効率化施策は、系統金融にどんな影響を及ぼすとお考えですか。

東畑　金利というものは、ある程度規制されていますから、そうそう完全な自由化はないけれども、だんだんと競争原理が金融のなかに入ってくる可能性は目に見えていますね。金というものは、金利の高低に応じて比較的自由に流動し、もっとも合理的に逃げていきますからね。国内的にも国際的にもそうなので、系統農協としても経済全体の動向に対応しうるだけの体制を整えておかないと、競争に打ち勝っていけないのではないか。その準備体制は、できるだけ早くつくっておくべきではないかと思います。

系統金融には相当の金が、貯金という形で集まっている。その中身を一般の金融機関に比べると、定期性の貯金が多いといえますね。定期性貯金というのは比較的金利が高くて中期的なものですから、やはり系統農協のもっている莫大な貯金のコストが金利面からいっても高い。したがってこれを運用するばあいに、よほど考えないと一般の金融機関よりは、もっと効率の悪いものになってしまいます。

それから、系統は三段階制になっていますが、階段が多いということは資金調整ができたり、危険分散ができるという利点もある半面、階段が多くなるほど、コストがかかる点が問題ではなかろうかと、わたしは思います。また、総合事業を営んでいるため、販売、購買、利用といった各種事業の赤字を金融面で補塡《ほてん》しがちなことも、金融効率の点で劣る原因になります。

さらに言えば、日本経済の高度成長によって土地代金などが入った都市近郊地帯と、農業に必要な金がほしい地域との間に、相互金融という形で、うまく金が流れにくくなった。定期性貯金というものは非常に高利なものを要求する金である。ところが農業面でほしいのは、そんな高利な金ではない。もっと低利な金です。このように必要なところに金がなかなか流れにくいというのは、非常に非効率なことです。

金融効率化施策は、金融機関相互の競争をもたらしますから、こうした系統金融の非効率性にたいしても改変を迫らずにはおかないでしょう。

都市銀行、あるいは地方銀行の実態と、系統の財務の実態を比較してみますと、農協は大きく言って資本の蓄積というものが非常に少ない。銀行などは景気調整をするときには相当の利潤というものが出ますね。それを（もちろん税は払うけれども）準備金とかいろんな形にして蓄積をしている。これは要するに〝タダの金〟ですな。したがって景気の調整によって金利が上がったり下がったりするときに、銀行はタダの金をもっているから、コストが非常に安くてすむわけです。

ところが農協というのは、どうも資本の蓄積というものを許さないような組織になっているんですね。金融機関というのはふだん〝タダの金〟をできるだけ蓄積することによってコスト競争をしていくものなんです。だから、いくら五兆円、六兆円と預金を集めても、コストが非常に高いと、戦力にはならない。金を集めて負担になるような、そんな資金では競争力ができません。効率が悪ければ利子補給なり財政で補ってもらえばいいじゃないか、というような親方日の丸的な考え方であれば、これは自主的な金融として育っていかないんじゃないか。批判ばかりするようですが、金融効率の問題としてはこういう点に気がつきます。

〝農村銀行〟の方向も

――これからの農業生産面への融資は、やはり選別化の色合いが濃くなっていくでしょうか。

東畑　個別農家のうち、企業化された自立経営というものがだんだん強くなるし、また兼業農家も集団栽培に見られるとおり、組織化された形で農業を営むようになってくる。こうなると、零細規模の農家ということではなしに、組織された、システム化された多数の農民、あるいは非常に規模拡大した大きな個人農家が農業金融の対象となってきます。そういう条件に構造改善が行なわれれば、系統金融も〝農村銀行〟というような性格でやっていけるのではないかと思います。近代的な農業経営にたいしては、やはり近代的な金融というものをつけなければ動きませんよ。ばあいによっては、りっぱな銀行対象の金融が成り立つ経営が出てくるだろうし、そういう経営が非常に大きなウエートを占めてくれば、これは農村銀行的事業ということになるんじゃないでしょうか。それはかえって、ときとばあいによっては望ましいことではないかと思いますね。

――主として畜産面に進出してきた商社系のインテグレーション（統合）にたいして、系統農協は金融面ではどのように対処していくべきでしょうか。

東畑　酪農、肉牛といった大規模畜産のインテグレーションは、まだ日本では安定した経営としては定着していませんね。したがって受け身の金融機関としては、なかなか手が出ない問題だと思いますね。

そこへいくと、ブタとかニワトリといった小家畜については、とうとうと商社系の資本進出、あるいは直営まで出現している。これを農協としてどう考えるかが問題です。大規模畜産への金融は、ある程度財政融資とからみます。大家畜のばあい億単位の金ですから、財政融資が当然引き受けなければならない。それを単協で融資できるところは、非常に少ないでしょう。必然、信連なり中金なりでみていかなければならないでしょう。

もちろん、金融というものは受け身の存在ですから、金融機関自体が積極的な政策をやるべきものではないと思いますが、実態がそういう大規模化の方向へ向かうときに、金融が阻止する必要はない。

大家畜のインテグレーションで未定着なものや危険なものについては、ある程度政府が補助を出すとか、政府の財政融資でやるとかで、いいのではないでしょうか。

強い自主性を持て

――食管制度の改変、自主流通米の登場などが、系統金融にどのような影響を与えるでしょうか。

東畑　なるべくは、自主流通米をもっと伸ばして、政府の食管会計で買う米はだんだん後退をしていくことが望ましいでしょう。

そうなると、いままで食管会計が負担していた莫大な財政資金に相当する金を、こんどはなんらかの形で系統農協がまかなわなければならない。この財政資金は、食糧証券というものを日銀が引き受けて出していたもので、当然金利がたいへん安い。そういう安い金のかわりに、系統の高い金利の金でまかなうのだから、たいへんな問題です。

過渡的には大蔵省資金運用部が農林中金の債券を引き受けて融資するという方法がありますね。食糧証券に代わって、こんどは郵便貯金を原資とする資金運用部の資金を少し低利にして流すということでもないと、米流通の金融はとてもまかないきれない。これに日銀が制度融資をするということは、なかなかむずかしいですな。もう制度融資は貿易の問題だけで手いっぱいですし、金融体系としてもできません。

米というものは季節的に生産時期が決まっており、それを一年間にわたって食べていくわけですからね。その間の金利、保管に要する長期の金というものは、利子の負担がたいへんなんです。自主流通米というような形で、こういう金利を系統のなかで負担していくということになると、その面からも系統金融の効率化という問題には、もっともっと真剣に取り組んでいかなければいけないと思います。

もし、系統農協のほうに、米流通に回す資金がないとなれば、銀行のほうがこんどはどんどん金を貸すということになります。やはり金をにぎっているほうが勝ちですからね。

それでは困る、あくまで国の財政でバック（後ろ支え）をしろというような〝親方日の丸〟的ないき方をいつまでも続けられるかどうか。やはり系統農協は、強い自主性というものを、もってほしいと思います。批判ばかりしましたが、率直に申しあげたほうがよいと考えるからです。（『地上』一九七〇年十一月号より）

〈付記〉東畑四郎氏が示唆したもの

グローバル化時代を予測

私は『地上』編集次長当時の昭和四五年、日銀政策委員だった東畑四郎氏を訪ね、「系統金融へのアドバイス」を求めてインタビューをしている。また、昭和五四年、出版部編集長当時、全糧連会長だった東畑氏を訪ね、単行本『昭和農政談』をまとめた。

やはり東畑氏も日本の麦作の将来性を昭和二五年当時から憂えておられたようだ。生産費が高く不安定的要素の多いわが国の麦が、いずれ安楽死に向かうことを東畑氏は既に見通しておられたわけだ。「農業問題の解決は、世界経済との関連においてその解決を図らねばならない」と東畑四郎氏は考えておられた。この時点で東畑氏は、農産物貿易の自由化の伸展とともに日本農業がグローバル化の試練を受けざるを得なくなる趨勢を予知しておられたのである。農協については、昭和三九年の時点で「予約米集荷の物量集荷機関と化し、行政機関化してしまった」と、厳しい見方をされている。しかし同時に「農業団体の給与の低さ」については同情的な見方をされており、ちょうどこの頃から全農協労連を中心とする賃上げ攻勢が始まったことと時代的に符合する。

「農業経済余剰の行方」については、東畑氏も郵便局、銀行、生保、株券など「近代金融機関を通じて農業部門外へ流出」する事態に驚かれている。確かにこの頃から高度経済成長の影響で農村部は商系金融機関の〝草刈り場〟となってきており、また農協貯金と、農村への融資の〝すれ違い現象〟が問題視されてきた。農協金融が必ずしも相互金融の実を挙げにくくなってきたのが、この時代である。昭和三六年当時、東畑氏は「株式会社で農業を行うことはありえない」と断じておられる。つまり家族農業の地位揺るがずと信じておられたわけだが、このあたりは氏の歴史的限界であったと見なければなるまい。今日の法人化の伸展、そして農業株式会社の出現を知って、泉下で目を回されているに違いない。但し「集団的・専業的商品農業となれば、所有と経営とが分化し、新しい経営形態が農民みずからの意思によって現われてくるであろう」とのご推測はズバリ的を射ており、さすがのご卓見と脱帽せざるを得ない。

高度経済成長に伴う「地価の高騰」については、四郎氏も令兄精一先生と同様、基本法農政挫折の原因と見ておられる。地価高、地代の下落は、二〇年後のバブル崩壊まで待たなければならなかったわけで、いまや地価・地代暴落時代、地主・小作の力関係も完全に逆転している。「農地の借り手ヤーイ、地代ゼロでもええから借りてくんろ」の当世である。

昔の農林官僚は「農民の貧乏を救うのだ」という使命感があった。「農林官僚が最も左派的な考えを持っている」とのご指摘はうなずける。そう言えば、私が駆け出し記者だった昭和三〇年代初期、やはり「農林省と農協会館はスイカ畑だ。表面は青くても、中を割れば真っ赤だ」という例え話を耳にしたものである。ところで、いまの農水官僚が農本的スピリットを失っているかと言えば、そうではないと思う。私自身、他省庁の役人ともいろいろな接触があったが、やはり最も農業を憂えているのは農水官僚であることに変わりはない。

戦時下、既に「地主米価と耕作者米価と二重米価に分離し、小作米を金納にすることも実現させて、ひそかに農地改革への下地をつくろうとした」との農林官僚の努力には頭が下がる。とかくマッカーサー統率下の連合軍司令部が農地改革を強行したといった「史実」だけが語られているが、その陰にわが国農林官僚の地道な努力があったわけである。

現実を弁別する理性の人

東畑四郎氏への、私自身の取材のうち、印象に残った話を記してみる――

「法王庁」と言われた日銀の中に入ることが出来たのは、先にも述べたとおり東畑氏が日銀政策委員を務められていたからである。氏は系統農協組織についても不安感を持っておられ、次のような懸念を語っておられた。

「系統は三段階になっているが、階段が多いということは危険分散ができるという利点がある半面、階段が多くなるほどコストがかかる点が問題だ。また、総合事業を営んでいるため、販売・購買など各種事業の赤字を金融面で補てんしがちな点も金融効率の点で劣る原因になる」。

また、昭和四〇年代の商社系による畜産インテグレーションとの関連で「大規模畜産への金融は、億単位の金額になるので、財政融資が当然引き受けなければならない。単協で融資できるところは少ないだろう。必然、信連なり中金なりでみていかなければならない」と指摘されている。

さらにコメについては、「なるべく自主流通米をもっと伸ばして、食管会計で買うコメはだんだん後退していくのが望ましい」と言及された。その頃、著名な東北大学教授は「自主流通米を廃止し全量国家管理に戻せ」と、歴史の流れに逆行するアナクロニズム的な主張をしていたのと、対照的であった。統制から脱して農協らしい自主的な販売事業への取り組みに意欲を燃やしていた全販連への支援のメッセージは、大学の象牙の塔に篭るマルキストよりも東畑氏の方が一歩も二歩も先んじていた。

東畑氏は、経済の伸展と共に就業人口に占める農業人口の割合が低下することを、歴史の当然の流れと見据えておられた。ウィリアム・ペティの法則を冷静に弁別されていたのだ。そこへいくと一〇年一日の如く「農民首切り論」「貧農切り捨て論」を振り回し続ける、硬直的なマルクシズム農経学者とは異なる現実的な理性を東畑氏はわきまえておられた。「現実的に物を見ることが理性的であり、理性的であるということは現実的なことだ」とのデカルトの言葉を地で行く東畑氏であった。

全糧連会長当時、「昭和農政談」の取材で、農業団体についての感想をお訊ねしたところ、「いやぁ、農業団体というのは臭気プンプンで、かなわんよ」と、苦笑まじりに顔をしかめられたものである。戦中戦後の団体再編成問題がよほど応えておられたらしく、ご苦労のほどが察せられた。私の手元にも『東畑四郎・人と業績』の部厚い本がある。巻末の年譜を見たら没年齢七三歳とある。我が身にひきかえ、東畑氏の気高かった風格に改めて襟を正すのみである。

なお私はフリーライターになってからの二〇〇二年（平成一四年）、『エコノミスト』編集部からの依頼で「農林中金の実像」と題する全一六ページの大特集企画を依頼され執筆に当たったが、東畑四郎氏から与えられた貴重な示唆が大変役立ったことも付記しておく。この取材では当時の農中理事長上野博史氏、農業部長の冨岡功氏、広報部長の堀田充氏、組織整備対策部長代理の奥和登氏から御懇切な対応を受けたことも忘れ難い。

農業分野に攻め込む金融機関

このところ各金融機関は、農業分野への投融資を活発化させている。その背景には金融界全般を覆う資金の運用難と低金利による利幅の縮小があり、それだけに死中に活を求める金融機関の動きが見てとれる。今世紀に入り農業分野の資金需要は冷え込みが続いてきたが、農業法人化、さらには6次産業化の動きと連動して、営農設備投資へのニーズが高まりをみせてきた。その兆しに着目した人物が元農水事務次官で農林公庫総裁の高木勇樹氏であった。

各金融機関は、投融資対象として農業法人やアグリビジネスを標的とし、活発なアクセス（接近）をみせている。

☆**都市銀行の動き**＝平成一八年頃から、当時の農林公庫と都市銀行との協調融資が見られるようになった。うち三井住友銀行は農業法人を集めた商談会「アグリビジネス交流会」を大手銀行では初めて開業した。対象を農業法人に特化した無担保融資の取扱いを始め、成長性が見込めれば無担保で二億円を上限に融資している。このような動きは三菱東京UFJ銀行、みずほ銀行等にもみられ、いずれも農業法人の経営を支援している。

☆**地方銀行の動き**＝鹿児島銀行は、平成一六年、金融機関では初めて農業専任担当者を置き、畜産農家への融資を強化している。行員たちは農業経営分析データをもとに農家を訪問し、優良農家に営業攻勢をかけている。農業食品関連融資を手がけるのは本店のアグリクラスター推進室で、行員を県の農業担当部署に派遣し、人材育成にも取り組んでいる。「農協と競争する気はない。ただ農協に行きづらい人もいるようだから」とは経営陣のスタンス。だ。北洋銀行は、鹿銀と協定を結び「大消費地の首都圏から離れている銀行同士」と、農業や食品産業の情報交換に取り組んでいる。また、常陽銀行（茨城）では農家向け無担保の小口融資「大地」を開設、県の農業改良普及員等を雇用して営農指導を担当させている。八十二銀行（長野）もオリックスと提携して上限三〇〇〇万円の農家向け無担保ローンを投入した。青森銀行も県農林水産部OBを招き、県農業信用基金協会と提携して「あおきんローン」を貸し付けている。リンゴ生産者団体への助言も行い、法人設立・農地取得等の資金対応をしている。愛媛銀行も農業関連ビジネス一五社へ三億円余の投資を行っている。

☆**第二地銀の動き**＝東京スター銀行は訪問県下で施設園芸を営む農業法人の設備投資を支

援し、京葉銀行では農村の若者向け結婚相談所を設け、農村地域への金融に注力している。

☆**信金・信組の動き**＝広島信用金庫は広島銀行と協力し、同協会保証つきの農業者専用融資を行い、茨城県信用組合では県農業信用基金協会と債務保証契約を締結、融資額上限は法人で一億円、個人で六〇〇〇万円、融資期間二五年以内で融資活動を展開している。

第二部　巡り合った人々の思い出

一　心に残る重鎮の取材

東畑先生と近藤先生

二〇歳代から三〇歳代にかけて『家の光』の連載固定欄「われらの道標」や「近ごろ思うこと」を担当させられたので、農業・農協界の重鎮、先達に度々お会いする機会を得た。この欄は、農政や農協が直面している問題について、読者向けにわかりやすく解説、展望していただき、それを編集部の手で一～二ページの談話原稿にまとめる企画であった。

昭和三五、六年の農業基本法制定前後は、とくに農政面の大家にご登場いただいた。いずれも多忙な方たちなので、時間をさいていただくためのアポイントメントの確保から、インタビュー、原稿のまとめ、ゲラの閲読依頼など、結構気ボネの折れる仕事だった。

東畑精一先生にお会いしたのは、農林省の一室（農林水産技術会議）であった。農基法の趣旨を平易に語っていただくためだった。「きみイ、これはねエ、時計の針をとめずに時計を修繕するようなものなんだよ」と、温顔をほころばせながら語られたのが印象的だった。当時は当方が至って若輩の身であったので、先生一流の諧謔に富んだ警句の味を楽しむほどの余裕も力もなかったが、孫の世代に当たるわたしを、包みこんでくださるような先生の温かさが、今となっては懐かしい。中野のご自宅にゲラを持って参上したら、ほとんど赤字が入らなかったのにも感激した。今思えば先生の大らかさゆえなのだが、かけ出しの記者の身としては、これでこの先、人並みの編集屋としてやっていけるかもしれないという、勇気のようなものを先生から与えられた。

近藤康男先生には『地上』の取材でお会いした。昭和三〇年前後、名著『貧しさからの解放』で、ラディカルな農協吸い上げパイプ論を展開された先生なので、どんなに鋭敏な感じの学者かと緊張したものだが、お会いしたら村夫子然とした好々爺という印象で、妙に拍子抜けしたものである。近藤先生は著書の中で『家の光』についても手厳しいコメントを書かれている。『家の光』は未開国に虫歯の治療器を売り込むための砂糖の役割を果たしているという例え話を読んだのは、協会の就職試験の頃だった。一〇〇万部を超え大衆に支持されている雑誌をこんなふうに斬って捨ててよいのだろうか——。結局のところ読者すなわち農家を徹底的に侮辱している。私は先生の記述を発奮材料にして、採用試験に臨んだのだった。それだけに〝実物〟にお会いして、そのあまりのやさしさに拍子抜けしたのである。

往事に農林行政のお歴々との会見

歴代農林大臣のなかでは、周東英雄氏に同行して盛岡へ行き、農家の人と膝をまじえての座談会に出ていただいたことがある。色黒で朴訥な語りくちに農民たちも打ちとけ、大臣を囲んでの座談会というより、村長を囲んで、という雰囲気であった。当時の大臣秘書官が大河原太一郎氏（元参院議員）で、腰が低くテキパキとスケジュールを組んでくださった。

鈴木善幸氏が農相のときは、当時全中副会長だった岩持静麻氏をはじめ岩手県婦協、同農青連の代表者に出席していただき、オール岩手の座談会を開催した。会場はホテル・ニューオータニだった。

「白米のご飯にイワシの塩焼きというのが、私はいちばん好きだ」と、善幸氏は今日で言う日本型食生活の良さを強調された。イワシの持ち味を出したところが水産界の重鎮らしい気配りだった。

農林事務次官では、尚見安、片柳真吾、内村良英、平川守、楠見義男、東畑四郎、小倉武一、森本修、中野和仁、大河原太一郎、松本作衞、角道謙一、後藤康夫、田中宏尚、上野博史、鶴岡俊彦、高木勇樹、高橋政行、渡辺好明、皆川芳嗣といった人々とお会いしている。森本、中野両次官とは市ヶ谷三十郎氏（寺山義雄氏）の「農政夜話」取材にお伴してお会いした。場所はいずれも紀尾井町の福田家だった。農林省に「森本夜間学校」の名が轟いただけあって、次官が福田家に見えたのは九時近くだった。物静かにのっそりと表れた森本氏は大人の風格があり、寺山氏の軽妙な質問にゆったりと対応された。中野和仁氏は気さくな方でウイスキーのお湯割りをなめながら当意即妙のキレ味で農政論を述べられた。『地上』の編集長当時、松本作衞氏に会見したときはタイトルを「作物を衛る気概の事務次官」としたものである。

　歴代全中会長には、すべてお会いしている。荷見安会長には、食管制度の意義や役割について平易にお話しいただいた。「米の神様」のお話を今読み返すと、昭和末期〜平成初期の食管批判をすべて跳ね返すだけの説得力を含んでいる。荷見会長もゲラには朱筆を入れられなかった。神様らしく鷹揚であった。

　米倉龍也会長の会見には「信州〜東京往復暮らし」というタイトルをつけた。堀金村烏川農協の組合長の兼務をされていた会長は往復の車中雑感として、甲州人のバイタリティには学ぶものが多いと、いたく感心しておられた。

　森八三一会長の取材ではお叱りを受けた。会長の安城農林学校時代の恩師、山崎延吉翁の話が出たとき、当時の私には初耳だったのでその旨を言うと、「山崎先生を知らないとは不勉強だな。もっと勉強しなさい」と、叱られてしまった。（以下略）

昭和三〇年代から、五〇年代にかけて、このほか次の方々にお会いし、記事にさせていただいた。
▽大学関係＝磯辺秀俊、桑原正信、住木諭介、川野重任、伊東勇夫、金沢夏樹、柏祐賢、塚本洋太郎、西村正一、石渡貞雄、相田啓、三橋時雄、嶋田啓一郎、四本嘉雄、大島清、山本修、安達生恒、菊地泰次、阪本楠彦、吉田六順、山本陽三、守田志郎、亀谷是、筒井迪夫、深谷昌次、三沢嶽郎、七戸長生、多門院和夫、工藤昭彦、菊地昌典、頼平　▽全中＝森川武門、森晋、松村正治、吉田和雄　▽全販連＝石井英之助、横山摂治、小林繁次郎、土岐定一、古瀬忠蔵、寺村秀雄、安井七次、榊春夫　▽全購連＝三橋誠、柳田久、織井斉、真板武夫、東谷謙三、田中仁三　▽全共連＝滝沢敏、山中義教、黒川泰一　▽農林中金＝楠見義男、片柳真吉、大月高、山本省三　▽全拓連＝平川守　▽農林省＝大和田啓氣、加賀山国雄、大河原太一郎、山本松代、矢口光子。(敬省略、順不同)
いずれも若輩の私に、農政問題や農協運動の基本を懇切に教えてくださった方々である。あらためて感謝申しあげたい。

二　回想の先人たち

荷見安氏にたびたびお会いしたのも全中会長ご在任中だった。謹厳な会長なので当方も随分緊張したが、「米の神様」のお話をいま読み返すと、積年の食管批判をすべて跳ね返すだけの説得力を含んでいることに気づく。ゲラへの朱筆はほとんどなく、神様らしく鷹揚な会長であった。

（当時の秘書役・山内偉生《ひでお》さんは、その後取材面で大変懇切に協力して下さった人格者であった。協同組合懇話会での勉強仲間でもあり、韓国への旅行にも御一緒した。残念なことに故人となられたが、氏への追悼文は本の初版本におさめてある。）

金井満氏は、宮部一郎氏に兄事しておられ、家の光協会にはたびたび来会された。私が水銀農薬追放問題の取材でお会いしたときは全国厚生連の専務理事であられ、すでにかなりのご高齢だった。この方が往年の闘士であられたのかと、時間の経過のすさまじさといったものを感じたものだ。

鞍田純先生には、私が家の光協会に入会した昭和三二年、鯉渕学園の寮の和室でお目にかかった。中央機関の新規採用職員一〇数名がゴールデンウィークに学園を訪れ、その頃大問題となっていた全購連事件について「先生はどんなご見解をお持ちですか。農協界は今後どうなるのですか」といった質問を矢継ぎ早に先生に投げかけた。先生は脇に座られた宮島三男先生と共に、極めて沈痛の面持ちで、私たち若者に農協運動のあるべき姿を醇々《じゅんじゅん》と説かれた。その真摯なお姿が強く印象に残っている。

全中の藤田三郎会長とは、昭和四二年「四国EC構想」についてインタビューしたのが初対面だった。大阪・堂島の農協会館に立ち寄られたとき、家の光大阪支所駐在員であった私が構想の意図をお訊ねしたのだった。全中会長を退任されて高知に戻られたときは、高知の農協会館で会見した。「組織とは連絡なり」との名言の背後にあるものについてお聞きしたのである。別れ際、会長は私の肩をポンと叩かれて「きみ、家の光は国の光じゃ。頑張りなさい」と、リップサービスして下さった。

若月俊一先生には、佐久病院を訪問するたびにお会いし、また家の光協会の会議室では、東京歯科大学教授の上田喜一先生と「しのびよる農薬禍」のタイトルで対談をお願いしたこともある。昭和四〇年だった。その当時すでに若月先生は、残留農薬の危険性について厳しく警告を発しておられた。

宮脇朝男会長との初対面は、昭和四〇年、香川県経済連が設置した食肉コンビナートの取材のときでした。名物讃岐うどんをご馳走になりながらお話を聞いた。「複合汚染」の作者、有吉佐和子さんとの対談も思い出に残る。ご息女がアメリカにおられてたびたび渡米されていたので、アメリカ独立二百年のときには、宮脇会長のアメリカ観についてたっぷりお聞きしたこともある。人情細やかなコンピューター付きブルドーザーが一気にまくし立てるときの迫力には、天を突く気概がこもっていた。農協女性部員を相手に講演するときは、満面に笑みをたたえてご自身の生い立ちを話された。宮脇さんは八人兄弟の次男坊として育ったのだが「お父っつぁんの器械がええのか、おっかさんの器械が上等なのか、私の兄弟はたくさんあって……」といった調子のユーモラスな語り口で、婦人部員たちは大喜びだった。

松村正治氏には対談にご登場頂いたことが何度もある。農業近代化資金については農林省の大和田啓気氏と、営農団地についてはジャーナリストの石川英夫氏と語りあって頂きましたが、真摯で情熱のこもった松村氏の論述が相手方を話に引き込んだものである。

＊　＊

なお、平成二年、『家の光』巻頭記事「協同のこころ」の取材を担当したことがある。その折り、二宮尊徳記念資料館のある小田原、尊徳の門人だった福住正兄にゆかりのある箱根湯本、大原幽学の史蹟のある千葉県干潟町、上州南三社の事蹟をいまに伝える群馬県富岡市、益集社のふるさと静岡県掛川市を訪ねた。また、滋賀県厚生社農協に参上し北川嘉平の史料にも触れ、島根県の日原共存病院では大庭《おおば》政世の業績を確かめることができた。このように農協運動史上に残る偉大な指導者から直接お話を聞くことのできた幸せを、いま噛みしめている私だ。

三　リーダーの人間模様

(1) 〝農協広報元年〟の恩人

「農協広報元年」は昭和三三年（一九五八年）だったと、私は体験的に定義付けている。この年の九月、全国連を中心に農協広報委員会が初めて組織され、その事務局として全中に広報局が発足した。その時、幸運にも私は家の光協会業務部から、この新局に出向を命じられたのである。しかし、有楽町の農協会館に新しい部署の空き部屋がない。その時、救いの手を伸べて、事務室を提供してくれた団体が、日本農業新聞の発行元、全国新聞情報農協連（新聞連）であったのだ。初代局長はNHK解説委員の中村徳夫氏。調査役が全中プロパーの大神田啓二朗氏、スタッフは新聞連からの柴田周蔵氏、家の光協会からの私であった。才女の島田（後に高城）奈々子さんは早大生のアルバイトとして取材に加わった。

全中広報局を快くむかえて下さった恩人が、当時の新聞連専務・木村靖二氏（農学博士）だった。事務所は新聞連二階の電話交換室の隣に設けられた。それだけでなく、広報のメディアとして日本農業新聞を一か月二面提供して下さった。（むろん、紙面使用料は農協広報委員会の特別会計から支出されたが）。

初の打合せが、この年の九月末、上野不忍池のほとりにあった割烹福信で行われた。木村専務と総務部次長の藤原正男氏が新聞連の代表。全中側は大神田氏と柴田氏、私の三名だった。木村専務は明治三七年、埼玉生まれ（大正一四年東京農大卒）。農地法研究の権威者で、ジャーナリストというより学者タイプ。気難しくて頑固そうな表情が印象に残っている。これを補ってくれたのが藤原次長で、この人は腰が低く、いかにも広告担当という愛想の良さ。柴田氏は新聞連の政経部長だったが、「全購連と全販連は賃金格差が大きく、合併は無理」との原稿を時事通信・農林版に書き、これが〝筆禍〟事件となって全中に出された形だった。

柴田氏は鷹揚に仕事を私に任せて下さり、私は若造なのに実質的な編集長の役となり、日本農業新聞広報版への取材が記者として筆おろし、すなわち処女原稿となり得た。各農協で育ちつつあった有線放送電話、さらに系統では初の農協提供番組に着手したラジオ山陽（岡山）と信越放送の制作裏話の取材を経験できた。アシストに今は亡き、才女・高城奈々子さん。まさに木村靖二氏こそ農協広報元年の偉大な恩人であった。

（2）茨城が誇る二人の山口氏

戦後の農業界で、茨城県下における二人の山口氏、すなわち山口武秀氏と山口一門氏の活動ぶりが全国的な注目を浴びた。山口武秀氏は常東農民組合の指導者であり、鉾田町新宮農協の組合長も兼務しておられた。氏は独自の税金闘争と農産物（主としてカンショ）の価格闘争に力量を発揮し、農民運動においては反主流の気概を示した。当時の日本共産党に反旗を翻したが、労農派の大島清・法政大学教授の理論的バックもあり、その個性的なリーダーシップに注目する向きは少なくなかった。

昭和三二年に全国連に就職した世代も、その年のゴールデンウイークに山口武秀氏に共同会見し、示唆を受けた。その数約二〇名。全中からは松本登久男、北出俊昭、山幸夫の各氏、全購連からは三浦俊策、大村省吾、遠藤健彦の各氏ら、全共連からは及川郁夫氏ら、農林中金からは松旭俊作、中村耕三の各氏ら、家の光協会からは吉田忠文氏と私が参加した。三〇年後に農協界をリードした面々である。一行は翌日、鯉渕学園を訪ね、鞍田純学長や宮島三男教授らと膝をまじえて、農協運動の発展方向を巡り、理想を語り合った。

もう一人の山口氏。山口一門氏は当時の玉川農協の組合長として養豚農家の所得保証のため「長期平均払い清算制度」を実行し、全国的に注目を浴びていた。五か年計画で、その間実際の売り値に関係なく、一頭当たりの所得として二〇〇〇〇円を支払う仕組みである。相場が上がったときに、農家はその分の利益を我慢する。しかし、逆の場合は農協が補てんする。年間の所得は補償され、農家は安心した所得のもと、相場の変動に一喜一憂しなくてすむ。

要するにビッグサイクルといわれた価格変動の〝防波堤〟であり、「玉川方式」として一門氏のアイデアは全国的に高い評価を得た。取材で昭和三八年に玉川農協を訪れたとき、事前にこの方式を〝予習〟しておいたので、「きみ、なかなか勉強しているね」と、お褒めの言葉をいただいたことを覚えている。取材で誉められたのは全中常務をされていた吉田和雄氏と山口一門氏の二人だけである。

氏は、のち全中の副会長も務め、全国の農協運動者に対しリーダーシップを発揮された。日本屈指の農業県、茨城を語るとき、武秀・一門の〝二人の山口氏〟の存在は欠かせない。

(3) 丸岡秀子氏・農村婦人運動一筋に

丸岡秀子先生は、昭和六年から一三年まで産業組合中央会（全中の前身）の職員として全国各地の農村を巡り、農村女性の生活実態を調査し続けられた。時の中央会会頭・千石興太郎は、奈良女高師を出て教員経験もある未亡人の彼女を秘書として抱き込みたかったのだが、信州生まれで幼女時代に里子に出された過去を持つ秀子は、そうした待遇に飽き足らず、調査部所属を希望したのだった。

出産・育児・姑との気苦労、農作業の苦しみに喘ぐ農村女性の実態を、秀子は昭和一二年、著書『日本農村婦人問題』で発表。さらに愛宕山にあったJOAK（NHK）のマイクから、事の重大性を全国にアピールされた。秀子は平塚らいてふ、田村俊子、岡本かの子、神近市子、平林たい子といった女流の著名人との交遊を続け、自身の知性を磨いていく。奈良在住の美術家・富本憲吉夫妻から受けた数々の示唆も秀子に心豊かな人格形成をもたらした。

戦後の昭和二三年、秀子は日本協同組合同盟の婦人対策部長に就任。二九年家の光協会の顧問となってからも、農村婦人の地位向上に努めたことは詳説するまでもない。昭和三六～三七年、映画「荷車の歌」制作・上映のため全国の農協婦人部員は資金の拠出運動に乗り出し、見事に成功させた。望月優子主演の感動作である。時の全農婦協会長・神野ヒサコ（愛媛）を精神的に支えたのは、むろん丸岡秀子先生である。当時から私は東京・世田谷区千歳船橋のお宅に度々参上。執筆を依頼したり、ご意見を取材させて貰ったりした。

農林放送事業団が日本短波放送で「農協の時間」を制作していた時は、狭い録音室でインタビューを務め、面前の先生から温かな母性を感じとる日々だった。

まだFAXといった文明の利器が開発されていない昭和五〇年代、『家の光』の取材課長だった私は、労組の闘争期間中には、夜間、お宅にゲラを届ける機会が何度かあった。玄関から入らずに左の庭に回って、縁側から招き入れられる習慣となっており、息女の明子さんとくつろがれている場に〝闇入〟する立場であった。着物姿の女性二人に笑顔で迎えられるひととき、何ともなまめいた空気を感じずにはいられなかった。

その最愛のご息女に先立たれた逆縁の悲しみは、名著『いのち韻《ひびき》あり』に綴られている。一筋の道を歩んだ〝農村婦人の母〟、それが丸岡先生の輝ける八七年の生涯であった。

（4）「ホクレン王国」を築く・太田寛一氏

「半分眠ったような安逸な航海よりも、私は荒海に挑戦してみたい」。――ホクレン王国を築き上げた太田寛一の名言である。青年時代、北海道士幌村産業組合に勤務していた太田は、村特産のジャガイモが有力な経営のデンプン工場から安く買い叩かれ、生産農家が泣き寝入りさせられた事態に胸を痛め、何とかして生産者の組合自身が直営工場を持たなければいけないと考えた。

戦後、士幌村農協の専務に昇進したとき、夢だった直営のデンプン工場を設立。この試みは北海道全域の農協に刺激を与え、農協によるデンプン生産が全道に広がっていく。昭和三〇年、四一歳のときホクレンの常務に迎え入れられ、ビート製糖工場の建設に着手。昭和三五年に中斜里ビート工場を完成させた。

四一年には乳製品工場設置の認可をとり、北海道協同乳業KKを発足させる。十勝地区二八農協や全販連、全酪連の共同出資による工場で、北海道酪農の突破口となった。

昭和四四年、太田氏はホクレン専務となり四七年には会長に選任される。ホクレン会長として太田は畜産公社を成立。ライスセンターの建設にも乗り出し、かつて〝鳥またぎ米〟とくさされていた道産子米から優良品種「きらら三九七」を生み出す下地をつくる。「ホクレン王国」の形成だ。

昭和四五年、『地上』編集次長となった筆者は「道産品の内地直送作戦」というルポ記事の企画を立て、「独立愚連隊」とやっかまれていたホクレンの太田専務と対面。喜茂別のグリーンアスパラガス、大正農協のメイクイーン、夕張メロン、音更《おとふけ》農協での「三・四牛乳」製造で帯広のホクレン食肉センターと北海道協同乳業など、取扱対象の適切なご指示を受けた。心温まる対応だった。

理論面での裏付けのため、帯広畜産大学の西村正一教授宅を訪ね、熱意溢れるレクチュアを受けた。洋式の広い応接間での懇切な個人講義に時のたつのを忘れ、そのままお宅に泊めていただいた。この話を最近、教授の教え子、全中OBの中林哲男氏に告げたところ、恩師の面影を思い浮かべてか氏の瞳には光るものが認められた。

大田氏は昭和五二年、全農三代目の会長に就任。無論私は会見をお願いし、ミシシッピー河岸まで進出する全農グレインの設立プラン、燐鉱や燃料ターミナルなどの拠点づくり、さらには農協直販の設立構想などを語って頂いた。昭和五四年、六九歳で逝去。畏敬する作家・島一春は、日本農業新聞の連載小説「北の炎」で、難題に挑戦し続けた〝太田哲学〟を綴る。全農会長当時、ご息女の美鈴さんがタレントとしてデビュー。芸能記事で紹介した。父親としての微笑が忘れられない。

(5) 全婦協の輝ける名会長・神野ヒサコ氏

♪そよ風にそよ風にやさしく香る…

ＪＡ女性部が「農協婦人部」と称されていた昭和時代の〝婦人部歌〟である。「ＪＡ全国女性部五〇年史」(二〇〇二年刊)の巻末年表で確認したところ、「婦人部」が「女性部」に改称されたのは平成六年(一九九四年)であった。官公労の拠点であった厚生労働省で「婦人少年局」を「女性少年局」に改めたのがルーツで、やはり「革新」勢力が「婦人」は戦前の「愛国婦人会」につながるという〝珍説〟によるものだと伝えられている。

全国農協婦人部組織協議会(全婦協)の全盛時代といえば、やはり三二〇万部員の拠出金で制作した映画「荷車の歌」が大きな話題となった、昭和三四年ころだろう。時の会長が神野ヒサコであった。ヒサコは明治三〇年、愛媛県楠河村(現在の東予市)に生まれ、愛媛県立女子師範を卒業後、小学校の教員となった。

教員仲間の男性と結婚。しかしヒサコは姑が病気で寝込むまで財布を渡されず、農家の嫁としての忍従生活を強いられた。戦時中、次男をフィリピン戦線で失い、夫に先立たれた昭和二二年から地域婦人会、さらに農協婦人部のリーダーとなる。

昭和二八年、愛媛県農協婦人組織協議会の初代会長に就任。二九年からは全婦協の会長を務める。全婦協の会長時代には、歴史に残る実績を重ねた。その一つが「農協婦人部の五原則」で、全国の農村婦人に共通する〝道しるべ〟となった。自主的・同志的な組織として政治的中立を宣言したのである。

「荷車の歌」は、監督が山本薩夫、主演が望月優子。農村婦人なら誰しも胸につまされる感動巨編だった。昭和三四年に、ヒサコは十二人の花嫁を引率してブラジルに渡り、すでに現地で入植している「コチア青年」、つまりコチア産業組合の青年たちのもとに花嫁を送り届けた。それから六年後、彼女らは帰国。NHKの番組「私の秘密」に出演して、ヒサコと抱き合い、相互に感動の涙を流すシーンは視聴者の胸を打った。彼女らは「家の光」の座談会にも出席し、婦人部担当だった私は、これをトップ記事に仕立てた。

「コチア青年」「コチア花嫁」を全中で担当された人が湯沢一男氏。あの昭和時代、全婦協の事務局担当者は私の覚えている限りでは、新沼静、相良孝子、高城奈々子、大谷良子、金田明子、常見恵理子、中村慶子、野口洋子といった、今では懐かしい面々である。

(6) 砂漠に途を開いた人・黒川泰一氏

黒川泰一氏が全国共済農協連の参事を務めておられた昭和三一年秋、大学の先輩の中藤康雄氏(のちジャパン・アーツ会長)の案内で、中野の黒川邸をお訪ねした。夜分の訪問だったが、着物姿の黒川氏は心温かく二人の若者を迎えて下さった。中藤氏も私も大学生協運動の経験があり、黒川氏は戦前の学生消費組合運動(学消運動)の先輩でもあった。

氏は戦前、消費組合や医療組合の運動に挺身され、戦後は農協共済の基礎づくりに尽力された。清らかで粘り強い社会改良の使徒と言えた。その大先輩の豊かな経験談を拝聴するための訪問であった。

明治三五年(一九〇二年)、福井県武生市に生まれ、一四歳のときに志を立てて上京。織物問屋で働きながら早稲田専門学校に学ぶ。若き日、賀川豊彦と巡り合い、その指導を受けて社会運動に身を投じられた。昭和七年、賀川の片腕となって東京医療利用組合の設立に参画。やがてリーダーの役割を担うに至った昭和一五年、全国医療組合の常務理事に就任した。

こうした活動を通じて賀川は、農村が無医村状態から脱却するためには、農家自身の団結しかないと認識。全国各地の医療組合設立に情熱を燃やす。

昭和一六年には産組中央会の厚生課長に就任した。しかし、戦前と戦中の〝暗い谷間〟の時代には、大衆運動に対する官憲の弾圧がすさまじく、黒川氏も通算二回にわたる獄中生活を経験した。終戦後の昭和二五年、全共連設立のための事務局に入り、設立に際しては参議院議員の岡村文四郎、共栄火災社長の宮城孝治といった先達の力強いバックアップを受け、翌二六年一月、全共連参事の奥野茂、同東京事務所の南波常夫といったドサンコ運動者からの支援も強い力となった。

昭和三〇年代には、全共連は日比谷、内幸町と事務所を転々。当時この連合会には数学に強いマルキストの丸山隆三氏が〝青年将校〟として腕をふるい、取材に訪れた筆者には、〝解放区〟のごときイメージが感じられた。都学連委員長も務め、学生運動仲間として顔見知りの浜里久雄氏（東大経）も全共連に勤め、全中出向時代の筆者とは日活国際会館の喫茶店で、いま思えば青臭い革命論を交わしたものだ。北大からの及川郁夫氏も、砂漠に途を開いた黒川参事の情熱を慕う若者だった。

(7) 豊かな国際感覚・宮城孝治氏

（株）共栄火災は、今でこそＪＡ共済連の子会社に位置付けられているが、元をただせば共済連が発足した昭和二六年当時、保険業務の手ほどきをした会社なのである。共栄火災の創始者は大蔵省の高級官僚だった井川忠雄であった。（井川は大東亜戦争突入の昭和一六年、日米開戦を回避するために米国人牧師と下工作をしたことで昭和史に残る人物だ）。宮城孝治は昭和一九年、中央農業会の参事から共栄火災に転じ、常務となったことで、やはり共栄火災の草分けの一人でもある。宮城氏は明治三一年、福島県に生まれ、大正一三年、北大農学部を出て農商務省に入った。昭和七年には産組中央会主事となり、一五年総務部長に昇進後、一八年の団体再編成で中央農業会の前記ポストに転じたのだった。

宮城氏とブラジルとは関係が濃密であった。昭和一四年、コチア産組中央会の要請を受けて、宮城氏はブラジルに渡り、同中央会の下元剣吉理事長と親交を結ぶ。以来、コチアと日本の農協陣営は固い連携をとり、それがこのシリーズで紹介した「コチア青年」「コチア花嫁」などの入植の基盤ともなった。ブラジルからは宮城氏に南十字星国家勲章が贈られている。

宮城氏は賀川豊彦からの信頼も厚く、昭和二一年には協同組合保険研究会を設立する。その研究成果は農協共済事業の発足に際しても大きな支えとなった。昭和二六年の全共連創立については、実質的には共栄火災と事業が競合する団体の設立に関して批判も受けたが、宮城は大乗的見地から、敢えて全共連設立を支援した。全共連設立については、農業共済組合との葛藤もあった。しかし農業災害保障も、大きな案件については、組合員の掛け金支払で済むスケールを超える。当然国からの補助が必要となる。

協同組合として当初から国の支援を不可欠な前提条件とする団体となるのはいかがなものか、という見識が宮城氏にあったその点も、宮城氏に対し筆者が大きな敬意を払う理由となっている。事実、宮城氏は人柄は温かく、ブラジルからの来訪者が＋定される度に、私にきめ細かく連絡があり、その都度、新橋第一ホテルあたりに、ブラジルの農協マンとの交流の場を設けてくださった。

昭和三二年には、農協愛友会を設立し、第一次協同組合懇話会の初代代表として、大きく寄与されている。「進歩を阻害するものは自己満足なり」との人生訓を胸中に収め、マンネリズムを避けて後進を励ますところが宮城の真骨頂であった。

四　農村女性指導に打ち込まれた輝けるトリオ

農林省生活改善課長だった**山本松代**さんを訪ねたのは昭和三八年の冬、場所はホテルオークラ近くの「生活改善技術研修館」だった。「暮らしの協同設計づくり」を農協婦人部員たちに薦められる談話で、第八回全国農協婦人大会に寄せる言葉をにこやかに語られた。

山本さんは農林省で初めて女性として課長になられた話題の人であった。東大経済学部のマルクス主義学者として知られた大森義太郎教授の息女で、東京女子大英文科卒。戦前ワシントン大学に留学の経験も持つトップレディであった。会見の場所となった技術館はロックフェラー財団からの援助による。女の細腕でよくぞ、との評判も高く、ＦＡＯ（国連食糧農業機構）のローマ本部勤めもした国際派の女性官僚ながら、お人柄は優しく、ソフトムードの会見だった。

同じく農林省の生活改善課長だった**矢口光子**さんとは『家の光』連載「わたしの夫婦論」の取材で昭和四〇年の夏、国立のお宅を訪問し、『婦人画報』の編集長だったご主人とともにお会いした。ご夫妻が結ばれたのは戦争直後。千葉県下の開拓地入植者同士という間柄だった。光子さんは東京女子医大を出た若い女医だった。お二人のおのろけ話を聞いて、つけたタイトルは「浮気心の妙味」。「主人は婦人雑誌の編集長なので女性と接するチャンスは無数。いちいち焼き餅を焼いていてもキリがないけれど、人間、浮気心も起きなくなったら味もそっけもない。ひょっとしたら相手が浮気を起こすんじゃないかしらという潜在の緊張感のなかに、夫婦の妙味があるんじゃないかしら」という言葉を聞いて、これはイケる記事になると、受けとめた記憶がある。ご主人とは、のちに日本ペンクラブのパーティで再会した。

矢口さんは省内では愛称「おミツ」。女医さんらしく農村女性の健康問題を重視し、例えば深谷ネギの産地で腰痛の発生が多かったので、ネギ苗の植え付けを改良したり、施設園芸のハウス病に注目して、ハウスの換気改善に役立つヒントを提示したりされた。自身のガンも女医出身だけに早く気付かれたが、それでも間に合わず逝去された。わが編集局の部屋には、気さくな笑顔で訪ねて下さったシーンも思い出に残る。

大島綏子さんとは、昭和六〇年頃初めてお会いした。大島さんはお茶の水女子大の出身で食品流通局の食料対策室長。当方は編集委員室長だった。、家の光会館隣りのレストランで、お米の消費促進の対策で意見交換をした覚えがある。その後、婦人・生活課長となられ、農協女性部活動を支援。平成の初期、日比谷の松本楼で食事をしつつ、意見交換をしたものだ。

やがて平成七年、近畿農政局長に就任。農水省の史上初の地方農政局長誕生として注目を浴びた。当時フリーライターとして『農耕と園芸』（誠文堂新光社）の巻頭コラムを連載執筆していた私は京都に赴き、局長室で会見。近畿管内での農村女性を主体とする取り組みの事例をたずねた。滋賀県での漬け物クッキーづくり、奈良県での〝郷土食の家〟。兵庫県でのヨーグルト工房建設などなどへの支援。「いま地方農政局が面白い」というタイトルをつけた。

平成六年には農山漁村女性活動機構をオルグ。「さわやか女性の支援隊」の活動も注目を浴びた。農水省退官後は同機構の理事長に就任、JR両国駅構内で朝市・夕市による農水産物の展示即売会を実施した。この機構の総会で、ときの事務次官・渡辺好明氏と知り合い、今も渡辺氏との交際は続いている。大島さんはその後、家の光協会の理事に就任、三期九年務められた。この輝ける女性管理職トリオは、私の取材生活の中でも、彩りとさわやかな感慨を与えてくれたものである。このところ大島さんは体調を崩されているようだが、ご回復を心より祈念したい。

なお、農業に関する論壇の中では、女性では富山和子氏が北極星、青山浩子、榊田みどり、岩崎由美子の三女史がオリオン星座と私は高く評価している。

五　有楽町に農協会館があった頃

全中OBの山内偉生さんと生前に話したところ、「地下のハッピーのカレーライスは旨かったね。目玉焼が乗っかっていて……」と山内さんは微笑まれた。まだ戦後十年そこそこの頃で、若者は腹を空かせていた時代だった。半世紀近い昔を回想する——

全国連受験の前後

初めて有楽町の農協会館を訪れたのは、昭和三十一年の秋、大学四年生の時だった。言うまでもなく就職試験のシーズンである。当時全中の企画部を訪ね、アルバイトをしていた大学の先輩、中藤泰雄さんに会って相談に応じてもらうためだった。その前に、中藤さんからは全中、全販、全購など全国連のあらましを聞いていたので、直かにどんな職場か見学するためだった。五階・東側の廊下の突き当たりが企画部だった。そこで中藤さんは南波常夫部長を紹介してくれ、磯野美智さん（現・高橋康夫氏夫人）がお茶を入れて下さった。藤本潔さんが忙しそうに電話をかけまくっていた。

「地下のハッピーに降りて、全購の中村隆承君を呼ぼう」と言う中藤さんに連れられて、ハッピーでコーヒーを飲んだ。隆承さんとは大学生協時代から知り合いだった。九段の学生会館にあった全学協の事務局を務めていたので、大学は異なるが私とは付き合いがあった。中藤さんはサークル（社会科学研究会）の先輩であり、大学生協の理事も務めていた。

「ローカル線に乗って、コトコト地方を回るのはこの仕事の魅力だね。全購に入る前後、農業問題の本をこんなに読んだよ」と、隆承さんは両手を上下にして五十センチくらいの幅を示した。〈うーん、なるほど！〉と、私は痛く感心し、〈農業団体に入るのも悪くないナ〉と感じたものである。中藤氏は日本電波ニュースからジャパンアーツの社長となられた。

間もなく私は、全購連と農林中金を受験し、いずれも学科試験はパスして面接を受けた。全購連の面接の場所は、やはり農協会館の地下室だった。相手は〝猿面冠者〟の異名で鳴り響いていた島田日出夫専務で、大変緊張したことを覚えている。中金の方の面接については、もう記憶がない。結局、私は前後して受験した家の光協会に採用が決まった。

一楽天皇の思い出

昭和三十二年に家の光協会に入会した私は、翌三十三年秋、新発足した全中広報局に出向した。学生時代の友人に電話したところ「なに？　デンチュウにシッコ？」と聞かれたことがある。「全中」と言えばＮＨＫでは全国中継の略で、まだ世間に余り知られていなかった。当初の半年は秋葉原の新聞連の二階に間借りしていたが、三十四年の春には有楽町に移ることができた。といっても農協会館ではなく、筋向かいの蚕糸会館の二階であった。

全中本部には、起案・伺案等の書類を運ぶために、当然ながら繁く出入りした。総務課長の高梨善一さん（のち伊勢原市農協組合長）が実にテキパキと取り仕切っておられた。忘れられないのは広報活動の企画書を直接、一楽照雄常務の席へ持参した時のことである。ソファにふんぞり返って、一楽氏は靴の底を私の目前に突きつけて対応した。〈なるほど「天皇」と言われるだけのことはある〉と、感心したものだ。自分の靴と他人の靴の見分けがつかず、被害届続出であった。

本当に威張って、威張って、威張り抜いた人だった。確かに再建整備、整備促進、有機農業研究会の立ち上げなど巨大な業績を残した人だが、全盛期には当たるべからざる勢威を誇っていた。それでも晩年には若干、気弱になられたらしく、世田谷区船橋の協同組合経営研究所に移られ、自宅が火災に遭われた頃に、研究所に参上した時、「きみ、山梨の鈴木俊彦さんとはどういう関係にあるのかね」と訊ねられた。事実、山梨県共済連に同姓同名の参事がいた頃だ。相手の事に気を遣われるあたりに一楽さんの老いを感じた。

当時の全中会長は荷見安氏だった。秘書だった山内偉生さんの仲介で会長の談話を聴取し、原稿のゲラを会長にお見せしたところ、一か所も訂正が入らなかった。〈お米の神様は、何と大らかなことよ〉と、感服した。

農協会館は〝水瓜畑〟？

当時の全中には熊谷建樹、萩原哲三、手島福一、戸川英胤といった学者タイプの管理職がズラリと顔を並べていた。教育部で農協誌を編集していた桜井誠さんは、いつもワイシャツを腕まくりし、タオルをズボンのベルトにぶら下げていた。同じく教育部の松本登久男さんを氷川寮に訪ねたところ、おびただしい書籍の谷間におられ、仰天するとともに、大いに知的刺激を受けたものだ。陸士出身の市川俊次郎、藤城吉晴の両氏も勉強家だった。

農政部の田口誓三郎、福田覚の両氏は揃って酒豪で、田口さんは陽性、福田さんは陰性であった。田口さんは国会の赤じゅうたんを踏み慣れた感じで天衣無縫。福田さんには驚いたことがある。家の光協会で、仕事始めか創立記念日のパーティがあった日の夕刻、協会の事務室のフロアに大の字となって寝込んでいたのである。福田さんには、飲み屋のカウンターなどでチクチクと絡まれたことがあったので、揺り起こさずにそのまま静観した。

全中出向時代、出張旅費を計算し手渡して下さった人は、のち家の光協会の専務理事になられた鈴木昭さんだった。いま思えば「恐れ多い」体験だが、鳥取県中央会から移られた昭さんは、穏やかでソフトな青年紳士であった。営農課長の成毛半平さんは外交肌で会議の仕切り・調整が巧みだった、という印象が残っている。

魂消たのは、当時の全中では勤務時間中に「アカハタ」が日常的に配布されていたことだ。党員の中島亀夫さんは、ごく自然体で事務的に配布していた。当時「農林省と農協会館は水瓜畑だ。外側はまっ青だが、中を割ったら真っ赤だ」と言われていたものだが、確かにそうで、ここは中国共産党じゃないけれど「解放区だわい」と感心したものだ。

全販連では石井英之助会長の談話を伺いに役員室に出入りした。いつも小山さんという女性秘書が取次いでくれた。当時の昭和天皇の皇后のようなムードの人で、胸も腰もふくよか。今の言葉で言うならば、やはり「お局さま」か「女帝」であったのだろう。

担当していた『有線放送ニュース』の談話取材で、名にし負う千石虎三さんにお会いしたこともある。当時全販連の企画部長だった。〝大千石〟のご子息であることは無論承知しており、戦前の闘士時代の話題にも及んだ。記憶が不確かだが、静岡の刑務所におられたような話があって、こちらは「その刑務所の前を通って小学校に通いましたよ」と言ったような覚えがある。当時、小学校では「赤いレンガの刑務所の青い着物に網笠かぶり、今日も行く行く手錠をはめて、行くぞなじみの裁判所」という「予科練・若鷲の歌」のもじり歌を唄ったものだ。主婦連の生みの親が奥むめお女史の熱々なる協同組合思想にも心打たれた。

全販連青果部長の古瀬忠蔵さんも傑物だった。野菜の相場のことを聞きに行ったら「倍・半分だよ。よく覚えておきなさい。野菜が一割不作だと値段は倍に上がる。一割豊作だと値段は半分になる」と教えてくれた。いかにもヤッチャバ（野菜市場のこと）の相場師といった心意気が感じ取れた。そこへいくと全販連マルAの藤岡亘場長は平静で淡々と事務をこなしている感じで「動の古瀬、静の藤岡」と感じたものだ。逆に全購連の人たちは当時から商社マンに通ずる空気を漂わせていた。のち全農常務となった平野伸吾氏は古瀬氏の愛弟子だった。

全国連の広報仲間

コメ関係の話は全販連の参事だった土岐定一氏から聞いた。物柔らかいタイプの全販マンで、六高―東大という経歴からの秀才面《ヅラ》は感じさせなかった。この人には傑作な後日談がある。組合貿易社長の真板武夫氏、全購連の織井斉常務と共にソ連を旅行した時、ホテルで夜中に目を覚ましたところ入れ歯がないのに気付き、机からトイレから探しまくって、ようやくベッドの下から見つけ出し、感極まって入れ歯を拝んだというのである。あの大らかな風貌にして、そんなに慌てられたのかと、想像するだけでおかしかった。

全中広報局出向中の仕事は、主として『有線放送ニュース』の編集で、高城奈々子さんと二人三脚だった。全国連便りは全販＝小倉栄三、全購＝滝沢彊三、能崎典治、全共＝芦田均、農中＝土肥幸一郎、新聞連＝金子正、全国養蚕連＝杉戸正男、といった広報担当の面々が執筆されていた。一緒に長野県中野農協の有線放送施設を見学に行ったこともある。小倉さんは根っからの広報マンで原稿も早く、いまでいう〝食〟のホットな情報を寄せて下さった。

滝沢さんは急逝された稲積隣三さんの後任で、ずっしりとして温厚篤実な人だった。土肥さんは元首相と同姓同名、私と年齢も同じくらいで肩の凝らない話し相手だった。芦田さんは、小倉さんと比肩される広報マンで「ワリノーズ」と称する中金内のコーラスグループを指揮された。のちに、小倉、土肥両氏とも全中広報に出向されている。

この人たちの上司、つまり広報担当課長たちが広報幹事会のメンバーだった。全中が、私の上司の調査役・大神田啓二朗氏、全販が総務課長の松本寛治氏、全購が「ターさん」こと情報課長の谷本光好氏、全共が広報課長の朝長高之氏、新聞連が販売部長の永沼武氏、中金が「ケンカヤス」こと総務部次長の保田豊氏だった。保田さんは仇名のとおり喧嘩早く、しかも啖呵が歯切れよかった。

昭和三十五年の二月だったか、鳥取で全青協大会が開催された。広報幹事会の面々が活動実績発表会の審査委員だった。前夜の旅館で盃を傾けるうちターさんは地元の縁で仲居さんと意気投合、他の幹事のメートルも上がりっ放しで酒乱状態になったとき、審査委員長の京大教授・桑原正信先生が部屋のふす間を開けて「ちょっと静かにしてくれませんか。原稿を書いているんでね」とお叱りの一言。一同シュンとなった思い出がある。

上司の大神田さんは、太ぶちのロイド眼鏡、ツイードの背広、蝶ネクタイのよく似合う、ダンディでいて闘士タイプの全中マンだった。伊香保の旅館でNHKとの合同会議開催のとき、先乗りした私が、出席者各位への資料を乱雑に配布した時、大目玉をくった。それ以来、資料の配布・配置には気をつけるようにした。根はシャイで優しく、私が有線放送機器メーカーの広告とりで、日立の社員から冷たく扱われた時、すぐさま電話をとって「おい、今うちの若い者が青い顔をして帰ってきたぞ。どういうことなんだ!」と、日立社員を叱り飛ばして下さった。頼もしい上司だったのである。

大神田氏は、広報局発足以前に教育部におられ、関東八都県中央会の広報担当者を束ねて文化放送への番組提案会議を仕切っておられた。広報局ができると、この会議はそのまま大神田氏の所管業務として継続された。全中発足後三年の時期だったので、仕事は多分に属人的であったのだ。全中広報局には新聞連から仕事師の柴田周蔵氏が来られ、機敏な行動は私にとって模範であった。

多士済々の時代

NHKとの番組提案会議は、内幸町のNHK本部か有楽町の農協会館で行われた。地下のハッピーの隣室だった。この会館は、のちに知ったことだが、昭和十四年に『家の光』増部運動の成果を資金にして設立された建物であったようだ。千石興太郎会頭を筆頭に、産業組合組織の総力を挙げて建造したビルなのである。その地下には全中の監査部もあった。監査部長には農林省から温厚にして緻密な本山梯吉氏が来られていた。総合対策室長には農中から栗本平氏が就任、その下に木村軒旗氏がおられた。酪農対策部には、のちに全中常務となられた吉田和雄氏と早逝された川崎鉄志さんで持っていた。

教育部長には家の光から須賀田正雄氏が着任され、その下の次長に〝産組生き残り組〟の小谷清太郎さんが篤実な仕事をされていた。萩生田喜作さん、小口芳昭さんらの顔々が浮かぶ。家の光からは浦辺浩通、近藤正吉の両氏が出向されていた。小口氏ものち全中常務となられた。全婦協の事務局も教育部に置かれ、新沼静、相良孝子、小林弘枝の三女史が頑張っておられた。のち映画『荷車の歌』を完成させた底力も、彼女たち事務局の弛みない努力が大きかった。

エリザベス・テーラーを思わせる妖艶な多門千恵子さんも、あの会館の〝花〟だった。大方澄子さんという美女も指導部にいて、電話の声で「オオカド」「オオカタ」が聞き分けられず迷った思い出もある。指導部次長の国友則房さんはアララギ派の歌人で、のちに作家の杉浦明平氏にお会いした時、国友さんとは一高―東大でともに短歌創作に精を出し合ったお仲間だと聞いた。国友さんから拙著『農と風土と作家たち』（角川書店）についてもご懇切な感想のお手紙を頂いたことがある。

国際部長は全販連からの大塚潔氏。のちご子息の伊四郎さんが農林中金から全中広報部次長に転任され、地方での広報部課長会議で度々同席した間柄である。伊四郎さんは家の光協会のO嬢と結婚された。役員室におられた結城淳氏も懐かしい。のち農政畑に移られ、いろいろと温かく手ほどきをして頂いた。松本登久男、北出俊昭、山幸夫の三氏は私と入会年次が同期で、この東大・京大・北大のトリオとも、交流を深め、情報を頂くことになる。

ユーさんこと湯沢一男氏は国際部におられた。のちコチア青年・コチア花嫁のブラジル派遣で、『家の光』とは大変深いお付き合いとなった。いまなおご壮健で『虹』会員としても健筆をふるわれている。湯沢さんとは、民社党旗上げ寸前に、虎の門のビルでともに農業問題の意見を聴取された仲でもある。当方に質問を浴びせたのは、のちに代議士となった渡辺朗氏だった。

監査部には小原武師課長以下、飯島豊、国井守正（のち全中常務）、甲斐武至、鈴木幹男といった緻密な仕事師が名を連ね、監査業務は全中に不可欠だった。思えば農協監査の〝草分け〟の人々だ。農林年金に出向してた石井好郎氏は、のち婦人部活動史を取材するとき、また成田健次氏には、のち『宮部一郎伝』を執筆するとき、それぞれ取っておきのネタをご提供頂いた。杉岡勇さんは教育部のピヨピヨ職員で、のちこの人の文才にも舌を巻く。

〝他流試合〟の経験

全中広報局の部屋に繁く顔を出していた専門紙記者のうち、『週刊農政経済新聞』の袖井林二郎氏は、のち法政大学教授となり、ロングセラー『マッカーサーの二千日』の執筆刊行で、文字どおり洛陽の紙価を高められた。私が日本ペンクラブに入会してから、時折り顔を合わせ昔話を交わしている。

『新しい農協』の杉内一さんも、畏敬すべきジャーナリストで、私が出向中、「どうだい、出向の立場で言いたいことを書いてみんかい」と声をかけられた。その頃、全中労組は出向者を必ずしも歓迎しておらず、むしろ出向受入れ反対の声が上がっていた。それで杉内氏の勧めのままに一文をものにしたところ、家の光協会の宮部会長が拙文を読んで「おい、きみ、ずいぶんハッキリしたことを書くんだね」と苦笑されたものだ。要するに「当方は好きで出向したわけではないが、多少とも全中の戦力になっているはず」というようなことを書いたのである。杉内さんの雑誌に書かせて頂いたのが私にとって初めての〝他流試合〟で、度胸試しの機会を与えて下さった杉内氏への感謝の念は終生続くことになる。

『協同組合通信』の依田静衛さんも度々広報局に来られた。お目当ては高城奈々子さんであった。金ぶちの眼鏡でダブルのスーツ。依田さんは、かなり気障なスタイルで不動産屋まがいにも見えた。しかし、ある時戦前の産青連当時の写真を拝見したら、黒ブチの円眼鏡で生マジメそうな青年の姿であった。〈なるほど、依田さんもこのような真摯な時代があったのだ〉と、感に打たれたことがある。その当時、農協会館の廊下やハッピーで颯爽たる姿を見せていたのが、協同組合通信の江草猛記者だった。白面の騎士風で、ひげの剃り跡あくまで青く、〈平家の公達だな〉と遠目に見えた。その江草さんは日本農業新聞の女性記者・奥井洋子さんとのロマンス、そしてゴールイン。有楽町界隈の話題を一身に集めていた。

全中広報局室への異様な陳入者は、読売新聞から当時発足の農林放送事業団に移った藤尾正行氏だった。のちの代議士であり失言で辞任した文相である。とにかくゴウマン不遜を絵に描いたような人物で、日経新聞から事業団に入った小池専務が小さく霞むほどだった。

変色した名刺ファイル

私は職業柄、頂いた名刺を分野別にファイルし保存している。農協会館が有楽町にあった頃の名刺の多くは変色している。全青協事務局の高橋（現姓・相良）和臣、全販連澱粉課の松田清、全購連東京支所の苅田貞雄、全購連農機具課長の落合幸文、同機械計算課長の大竹巖、経理部資金課の鳴海国輝、全販連企画管理室次長の河内正雄、全購連生活資材課長の田中仁三、生活部長の東谷謙三、全販連米穀部長の安井七次、全購連会長の三橋誠、全販連畜産部長の寺村秀雄、同企画課長の田中隆、全購連生活資材課の纐纈善美、同資材部受渡課の山下洋治といった方々の名刺が連なっている。この頃、全購連の農機具課で有線放送機器を扱っていたので、落合課長、永松英二課員（のち常務）、そして大神田氏と私が日本倶楽部で打ち合わせた記憶がある。その落合さんは、のち全中常務、全共連専務になられた。

内幸町にあった全共連では普及部長の小久保武夫氏の下に笠松健一、秋山晴雄氏がおられ、全中広報局とは接触が密だった。農林中金は東京駅前の東京ビルにあり、組合金融推進課長が日下孝之氏、情報課長が佐々木一郎氏、その上の部長が山本省三氏で、当方と『貯蓄情報』の打合せも実施していた。

茫々、半世紀近く前の昔話を書いてきた。当時の有楽町周辺には朝日、毎日、読売の三大新聞社が所在しており、新聞記者連中と駅のガード下や線路沿いの〝すし屋横丁〟で気炎を上げることも度々だった。近くには日劇ミュージックホールもあり、時々のぞいて明日待子やアンジェラ朝丘などのヌードを眺め、編集業務で疲れた目を癒した。

当時、『有線放送ニュース』は西久保巴町（旧パストラル付近）の太平印刷で印刷されており、出張校正は高城奈々子さんとコンビだった。この印刷所には常東農民組合の渡辺氏や、のちべ平連で有名になった東大ＯＢの吉川勇一氏らも出入りしており、時折り雑談を交わしたりした。映画館のスバル座は当時からあり、日活国際会館もティータイムには度々利用した。

フランク永井の「有楽町で逢いましょう」が流行した時期であり、当方も二十五〜七歳で独身の頃。「有楽町農協」はセピア色の思い出となって、我が胸に刻み込まれている。

なお、この日活国際会館と言えば、昭和三五年に、石原裕次郎と北原三枝の結婚式に出席したことが心に残る。

（「虹」平成一七年三月号）

六　半世紀前の青春――今や〝時効〟の話ばかり

八十路を越え、もうこの上は墓場に持っていくしかない昔話を、〝時効〟に免じて頂き、ここに活字として残すことにした。恥多き青春のひとこまである。

〈第一話〉　4号館の地下室

昭和二八年、「都の西北」で知られる大学に入ったが、所属する法学部のある二号館よりも、私の学生生活の〝現場〟は、むしろ文学部のある四号館の地下であった。入学後の一〜二年は、授業の受講より、サークル活動の実践に重きを置く生活が続いた。この4号館の地下には、大学生協と文化団体連合会傘下のサークル室がずっしりと並んでいた。

既に高校時代、共産党員だった東大工学部出の従兄（谷田沢《やたざわ》正治）に洗脳され、新聞部員として取材活動の真似事をしていた私は、大学に入るや惑うことなく社会科学研究会に入会した。言うまでもなくマルクス・レーニン主義の入門サークルであり、常任講師には元東大教授・出隆、古在由重、前野良、豊田四郎といった〝権威筋〟が顔を揃えていた。

入会した初日のシーンが忘れられない。出隆氏講ずる毛沢東の「文芸講話」の学習終了後、机を囲んで三〇人ほどの学生たちが「民族独立行動隊」という過激な労働歌を歌い始めた。

●血潮には正義の血潮もて叩き出せ　民族の敵、国を売る犬どもを……

初めて聞く歌詞の強烈な響きに、田舎から出てきたばかりの私は、ただただ、うろたえ度肝を抜かれた。その張り詰めた空気を和らげるように、三鷹高校出身で文学部の石氏純子さんが「モーツァルトの四十番を聞きましょうよ。プレイヤーを持ってきたわ」と提案し、労働歌から一変してクラシックのレコード・コンサートとなった。モーツァルトの妙なるメロディを耳にしながら、〈都会の若い女性は、こういう世界に生きているんだ！〉と、強いカルチャー・ショックを感じたものだ。

この社研からは堀中浩（明大教授）、中藤泰雄（ジャパン・アーツ会長）、川添凌司（日刊工業新聞副社長）、村上正邦（東邦生命専務）、井川一久（朝日新聞編集委員）、楠林信正（朝日新聞モダンメディシン編集長）、井川祐二（農林年金副理事長）らの人材が出ている。

このサークルで、私はマルクス主義哲学や国家論、経済学の基礎を学んだ。当時は、ただ受動的に幾多のテーゼを頭に叩き込まれたが、知識としては定着し難く、やがてこれらが現実と離反したドグマであったことに気付いていく。当時はただ、来る日も来る日も、やれ「吉田内閣打倒！」、それ「鳩山内閣打倒！」と連日デモに駆り出される毎日だった。大東亜戦争時、空襲で家を焼かれ妹を失ない、〈とにかく戦争はいやだ。戦争は帝国主義の侵略性で起きる。資本主義国は戦争勢力、社会主義国は平和勢力〉との、単純な図式が頭に刷り込まれ、若いエネルギーをデモと学習で発散させていた。社研のある地下室は、実際には半地下形式の部屋で、窓の上部からは隣りの図書館の建物がのぞいていた。「夜でも昼でも牢屋は暗い、昼でも鬼めが、ああ窓からのぞく」というロシア民謡「どん底の歌」がぴったりくる部屋だった。事実、刑事が注視しそうなアジトの雰囲気だった。ロシア民謡と言えば「カチューシャ」「灯」「トロイカ」なども、よく歌い、デモでは「国際学連の歌」にも胸を熱くした。

●学生の歌声に　若き友よ手をのべよ　輝く太陽青空を　再び戦火で乱すな…

デモの結集地点は、大久保利通暗殺の地で知られる紀尾井町の清水谷公園だった。当時、全学連を牛耳っていたのは東大細胞で、高校同期の畏友・生田浩二（のちブント書記局長）とは度々出会ったし帰郷運動も一緒にやった。その頃の全学連幹部には松本登久男（全中常務）、森田実（政治評論家）、中安定子（東京農工大教授）、武藤一羊（アジア太平洋資料センター）、香山健一（学習院大学教授）といった俊英の士が顔を揃えていたし、デモでは大谷喜伝次（税理士）、佐藤誠三郎（東大教授）、正村公宏（専大教授）氏らの〝指導〟も受けた。我が校では、高野秀夫や、のち中核派リーダーとなる本多延嘉が頑張っていた。彼ら二人は社研の後輩であったが、高野は自殺、本多はゲバルトで最期を遂げている。

〈第二話〉「若き戦士」の日々

大学の同じ4号館に生協があり、その書記局員採用試験に応募したところ、論文テストと面接が決め手となって、多数の応募者の中から採用されてしまった。一年生の九月であった。

仕事は「生協だより」の編集、ビラづくりと配布、アルバイトや下宿の紹介といった業務だった。業者が経営する大学食堂を生協の手に〝奪還〟しようとキャンペーンを張り、ビラ作成のためガリを切り、校内で配布を続けたが、全くヌカに釘で手応えはなかった。

思い出に残るのは、昭和二九年の三月、東大第二食堂で開かれた協同組合デーの大学生協祭で、演劇に出演したことである。乙女（林本愛子さん）と共に村の封建制と闘う若者の役であった。外には雪が降り、何とも甘酸っぱい早春の宵であった。

●静かに星は流れ　山の彼方に月は入りそめぬ　面影忘れじ永遠《とわ》に　勝利の誓い交わさん……。

アコーディオンの演奏に合わせ、生協書籍部の安藤和子さんと共に踊ったワルツ。あの頃、机を並べて勤労部の仕事をした指田《さしだ》広子さんのフィアンセが先輩の森定進さんで、この人は、のちに日本生協連の専務理事となった。同僚の岡本好廣氏も卓越した実践的理論家で日生協に入り常務となる。同じく同僚の日高節夫君は大学生協連東京地連の理事となった。

彼は詩人大木惇夫の甥であり、従妹に康栄（のち藤井姓）毬栄（のち宮田姓）の姉妹がいた。藤井康栄さんは文芸春秋に入り、松本清張の大著「昭和史発掘」を担当し、現在は松本清張文学館の館長として小倉に住んでおられる。東京で開かれる清張研究会には私もその都度に出席し、彼女と対話も交わしている。

妹の宮田毬栄さんは早稲田で民主主義科学者協会芸術部会に所属。仏文科を卒業後は中央公論社に入り、松本清張、西條八十、埴谷雄高、島尾敏雄、石川淳、大岡昇平、日野啓三を担当した。その著『追憶の作家たち』（文春新書）は、私たち男性の編集者の知らない、女性編集者ならではの世界を描く、異色の文芸エッセイだ。民主主義科学者協会早大班芸術部会では、早坂茂三、水口義朗といった諸氏が活動していた。

近衛連隊兵舎跡の事務所（現在の武道館あたり）には、東大生協から中村隆承さんが派遣されていた。隆承さんは無類の読書家で絶えず本を手離さず、歩行中も二宮金次郎スタイルで本を読んでいた。のち全購連に入った彼は入院中も病床で論文を書き、その遺稿集には、既に三〇年も前、社会主義計画経済の破綻を見通していた論文が収められている。東大生協の大谷正夫さんとは本郷の地下食堂メトロで情報交換をした仲である。

当時の大学生協理事長は元吉教授（日本史）、次いで江家義男教授（刑法）だった。総代会に提出する資料に捺印して貰うため、西落合にあった教授のお宅に参上したら、教授は不在で、若くて美しい夫人が対応してくれた。あとで判ったことだが、「ミスワセダ」と評判の高い法学部卒の美女で、教授が後妻に迎えたとのことだった。

大学生協の書記局員だった時、水が高きより低きに流れる如く、ほとんど何のためらいもなく、共産党の下部組織・民主青年同盟（民青）早大班に入った。昭和三〇年前後は、焼津での福竜丸被災事件を受けて、原水爆禁止運動が盛り上がっていた。民青の活動も、その署名カンパ運動が主要な任務となり、学外文化人にも〝攻勢〟をかけていた。福田平八郎画伯、経済学の林要、秦玄竜（埼玉大教授）各氏のお宅、さらには立教大学理学部の研究室を訪ね、武谷三男、豊田利幸両教授にも〝托鉢〟活動をした。友人たちにも資金カンパを要請したので「お前の顔は十円玉に見える」と苦笑を買ったものである。新宿駅前での資金カンパ活動にも駆り出された。結局、私たちヒラ社員は署名とカンパ活動の〝使い走り駒〟に使われただけで、このような「組織」に嫌悪感を抱くのみだった。

下落合に豪邸を構える財界のシンパがいて、班会議は早朝この屋敷の二階を使わせて貰ったものだ。当時の民青の機関紙は『若き戦士』（通称『若戦』）で、深夜この束を抱えて高田馬場近辺を歩いていたところ、警官に呼びとめられ、冷や汗をかいたこともある。

この頃、ルーマニアの首都ブカレストで、世界青年平和友好祭が開かれ、日本代表として東大の松本登久男さんが参加された。帰途はソ連→中国を経て苦難の帰国。大隈講堂前に松本さんはトラックの上乗りで凱旋され、学生大衆にレーニン帽を振って応えられた。童顔の残る美青年のリーダーの凛々しさに心打たれたものだ。

●夢は豊かに我等を包み　明日の姿を瞳に浮かべて……（略）

我等の愛するブカレストの街よ　戦いは去り、世界は一つに……

美しい友好のメロディ。学生運動がまだ統一を保たれていた〝古き良き日〟の情景だった。

〈第三話〉　そば屋の〝ひなげし〟

大学時代の下宿は大学近くの早稲田鶴巻町だった。広島高師から教育学部に入られた山口福二さんが〝名主〟の下宿で、活動家であるこの人の紹介で北向きの二階の四畳間に入居することができた。正門から徒歩三分。まるでキャンパス内にいるような至近距離のため、活動家仲間の連絡場所となっており、私の部屋も、時に細胞会議が利用することになった。党員でない私は、近くの前線座で映画を見たり、古本屋街を巡ったりして時間をつぶした。

下宿のおばさんは嘉陽はつさんという親切な未亡人で、五人の下宿学生の面倒をよくみてくれた。自然に活動家たちも親しみを感じて出入りし、のちに朝日新聞記者として満州ルポなどを書きまくった坂本竜彦君、信用金庫協会に入り協同組合経営のスペシャリストとなった平石裕一さんなども度々遊びに来ていた。下宿を切り盛りしていた嘉陽さんには優秀な令弟がいた。中国文学者として高名な東京教育大の牛島徳次教授である。私は、のちに、はつさんから後述のとおり終生忘れ得ぬご恩を受けることになる。

早稲田界隈は、地図の上では山の手に区分されているようだが、むしろ下町に近い庶民的なムードが漂っていた。いろいろな物売りの声が耳に入ったが、なかでもアサリ売りの声は印象に残る。「アサリ・シジミよ〜」の声が「あっさり死んじめぇよ」と聞こえたものだ。

私はこの下宿の一室で中学生相手の勉強を見てアルバイト収入を得たりした。生協書記局の給料も月額六千円で、当時としては、なかなかの高給だった。しかしその分、なかなか授業には出難い状況でもあった。下宿の隣は長岡屋というそば店で、二階は学生たちのコンパの場としても盛況だった。この店のお手伝いさんに登里《とり》という信州・下伊那から出てきた可憐な女性がいた。顔色はすぐれず、うつむき加減の静かな人だが、顔立ちは新珠三千代に近い美しさだった。私としても、すぐ隣りにこのような佳人が住んでいれば無関心ではいられなかった。私の部屋と彼女の部屋とは二階の窓が接していたので、時に彼女の視線を感じ、窓越しで話し合うこともあったが、それも近所の手前、はばかられた。だが食事にこの店を利用することが多かったので、昭和三十年の冬であったか、両国国技館跡で開かれた「日本の歌声」という一大歌唱祭に彼女を誘ってみた。おとなしく彼女は付いてきて、鉄骨だらけの二階席から並んで仮設ステージを見おろした。国技館は戦災にあい、占領軍のメモリアルホールから日大講堂へと移管されていた。

「日本の歌声」は、関鑑子、芥川也寸志という優れた二人の進歩的音楽家の指揮のもと、盛大に進行された。参加者は若い労働者と学生で満員だった。

●仲間たちがみんなで集まる時は　いつでも明るい笑い声　いつも朗らかな歌声……

「歌声は平和の力」というスローガンのもと、若者たちの歓声で、国技館の鉄骨は揺れ動くほどだった。実のところ〝歌ってマルクス踊ってレーニン〟の態だったが、物静かな彼女は、それでもそれなりに熱気を感じ、頬を染めているようだった。その帰り、都電の関口町で降り、鶴巻町へ向かう小道は、ほとんど街明かりもなく、夜の闇が広がっていた。〈今だ〉と、私の胸中では内心の声が突きあげていた。その衝動を感じながらも、私には勇気が足りなかった。それと共にある種の「ためらい」もブレーキとなった。この「ためらい」とは何だろうと自問自答した。

やがて、数日後、その答えを私は突きつけられる。それは彼女から届いた思わぬ手紙からであった。お互いに多忙で対話のない時間が経過するなかで、彼女は郵便という手段を用いて、私に礼を述べるしか方法がなかったのだが、その手紙を開いて私は愕然《がくぜん》とした。手紙には「字」と呼べる形象はなく、幼児の習い字そのままの稚拙な楔形が並んでいた。私の心の中の「ためらい」とは、〈果たしてこの人とこの先社会生活が営めるのだろうか〉という世間染じみた不安に通じるものだった。我ながらいやらしい保身の意識に繋がるものに、私は突き当たってしまった。やがて私は島崎藤村の「破戒」を読み、差別に泣く未解放部落の人たちが識字の問題で苦悶している事実にも気付かされる。〈だから、なまじ学問を少々でもかじった奴は駄目なんだ〉と、自己嫌悪を感じ、自身を責め立てるしか、私には出来なかった。登里さんとの出会いから、わたしは日本社会の積年の歪みを教えられる結果となった。

〈第四話〉その名もH組

学生運動にかまけて授業をサボり勝ちだった私も、単位取得の危機には動かざるを得なかった。地方公務員の実家から多少の送金を受けていたものの、単位を落して留年する自由と余裕は私にはなかった。学部のクラスは外国語の選択で割り振られ、私はH組に編入されていた。既に変態を意味するエッチ（悦痴？）という言葉は定着しており、H組に入れられた時、その語感に私は抵抗感を覚えていた。入学直後、大学近くの三朝庵で開かれた最初のクラス会で、私はたちまち〈やっぱりH組なんだ〉と納得せざるを得ないシーンに突き当たる。小田原高校出身で雄弁会に入った山崎宗次君が宴たけなわの頃合いをみて立ち上がり、ビール瓶を股間に当てて「よかよかチンチン　よかチンチン」と踊り出したのである。この山崎と私は、思想的には対極にあった。彼は雄弁会、そして私は社研。学友会委員の選挙は一クラス一名選出なので、たちまちここで激突した。激突というより山崎は保守、私は革新という立場だったので、当初から勝ち目はなかった。しかも彼は雄弁会員だけあって、弁説でこちらが勝てるわけがない。

後日談だが、山崎は卒業後、毎日新聞社に入り事件記者として腕をふるう。愛称「ヤマソウ」の名で知られ、ふとん包み殺人事件など特ダネをものした。連合赤軍の浅間山荘事件では警視庁クラブのキャップとして匍匐《ほふく》前進取材で男を上げた。彼が社会部副部長や編集委員の時に雑誌『地上』の座談会に出て貰ったり、時事コラムを書いて貰った。広告局長にまで登りつめた五二歳にして、山崎は千葉県真名《まんな》のゴルフ場で心不全のため急死する。広告主を集めての〝営業ゴルフ〟中の殉死だった。

授業では、専門科目より一般教養科目が面白かった。女優・樫山文枝の父君である樫山欽四郎教授の哲学、西村朝日太郎教授の文化人類学、鈴木二郎助教授の社会学がとりわけ興味深く、ドイツ語の川原栄峰助教授は専門が哲学なので、時に脱線し「神は死んだ」とのニーチェの思想に触れたり、キルケゴール、ハイデッガーなど実存主義哲学の触わりを述べたりして、知的刺激に富んだ授業だった。

専門科目では、野村平爾教授の労働法に魅せられた。教授は労働協約という〝生ける法〟に注目され、協約は労使の力関係を反映するという観点から、労働協約の実態調査結果を教材として用いられ、労働者の権利擁護と向上のための理論武装を説かれた。卒業後、私が家の光労組の執行委員長を務めた折は、野村先生も理論的支柱となって下さった。

卒業後、商法・協同組合法学者として農協陣営にも理論的影響力を与えるに至った宮坂富之助氏は、三年上級生で、作家となった深田祐介氏とともに制服のよく似合う学生だった。私の郷里にある静岡大学教授の熊倉武氏（刑法）は、大学の先輩でもあり、静大の研究室のみならず、東京・西池袋のご自宅にも参上し、氏独特のマルクス主義法律論（法律は上部構造であり、下部構造たる経済にも反作用を及ぼす）を拝聴した。温かなお人柄が心に残る。

〈第五話〉アカデミズムとの接触

学部の民青グループに移った私は、民主主義科学者協会（民科）早大班に法律部会がないことに気付き、昭和二九年春、そのオルグに乗り出す。民科とは共産党系の研究集団で、学者と学生により構成されていた。「科学」とは、言うまでもなくマルクス・レーニン主義を指していた。学部の掲示板で部会員を募集したところ十数名の仲間ができた。なりゆき上、私は初代の幹事となる。

昭和二九年は、学生の選挙権行使区域を現住所から本籍地に移そうという自治庁通達案が表面化して大騒動となった。学生運動のエネルギー分散化を狙った政府の意図が明白だったので、民科法律部会も結成早々、その撤回運動に挺身した。永田町にデモをかけ、また野党国会議員にも働きかけた。そうした時、東大生の一人と私が代表で社会党代議士の飛島田一雄氏に相談を求めたところ、「まあ飲みながら話を聞こうや」と、茨城選出の石野久男代議士と共に私たち二人を新橋の中華料理店に連れて行き、その二階の和室でご馳走をして下さった。貧乏学生には目の回るような体験だった。シワがれた声で不自由な足を杖で支える飛島田さんは、なかなかの人情政治家と思えた。のち横浜市長から社会党委員長となり、「百万党建設」を唱えた時には驚かされた。党員がまだ十万未満の党勢で、二ケタ飛び越えて百万人党員を目標とする当たり、まことに現実離れしていると驚いたものだ。のち社会党は現実主義的な構造改革を唱えた江田三郎を切り捨て、現実から遊離したイデオロギーに足を取られて自滅した。

昭和三〇年前後は、法学界が〝法の解釈論争〟に明け暮れしていた。「単なる法律の文言解釈は科学の名に値いしない」との反省の声が進歩的法学者の間で沸き起こったのである。民科法律部会の学者たちは東大の法文経25番教室で一大討論集会を開いた。川島武宜、戒能通孝、渡辺洋三、潮見俊隆、加藤一郎（のちの東大総長）といった第一線の学者たちが論戦の火花を散らした。大教室の片隅で、私は息を殺してこの激烈な論争に耳を傾けた。

論争と言えば、苛酷な非難合戦を法政大学の六角教室で目撃した。長谷川正安（名大）、木田純一（中大）らマルクス主義法学者が、唄孝一、利谷信義、石村善助、畑穣といった法社会学者を激しく論難したのである。「法社会学はブルジョアに奉仕する学問だ！」とすさまじい語気だった。

しかし実のところ、法社会学の研究は、ときの共産党に利用され、農山漁村に残存するアンシャン・レジーム（旧制度）の実態調査が昭和二六年の共産党綱領（徳田綱領）の「正しさ」を結果的に立証することになった。言わば党の侍女にさせられてしまったのである。それが引いては、山村工作隊の行動指針にまで〝活用〟されてしまったのだ。入会権《いりあい》、漁業権など慣習法（生ける法）の研究は貴重であったが、結局のところ岩波書店の『日本資本主義講座』に包摂されてしまった。当時は、岩波が進歩的学問の総本山で、岩波に反抗しては学者は生きていけない時代だった。岩波へ、岩波へと草木もなびき、結局のところ共産党の教条主義のもとに、学者たちは、その虜となっていたのである。

わが法律部会の一〇数名の仲間からは佐々木秀典、加藤隆三、坂根一郎という三人の弁護士が巣立ち、中川邦雄（東京福祉大学）、島津英郷（新潟大学）、山下平八郎（愛知工大）の三名の大学教授が生まれている。佐々木秀典君は、のち青年法律家協会議長から社会党・民主党の代議士となり、法務次官を務めた。部会の理論的指導に当たって下さった松原邦明さんは弘前大学教授となっている。

民科には歴史、哲学、技術など各種の部会があったが、なかでも芸術部会には人材が揃っていた。のち労働金庫協会常務となった杉本時哉氏は、協同組合懇話会でご交誼を頂いた。田中角栄の秘書として勇名を馳せた早坂茂三氏は、日中国交回復、社会福祉制度の整備、列島改造など数々の角栄政治を裏面で仕込んだ参謀でもあった。『婦人公論』編集長を務めテレビ・キャスターとしても鳴らした水口義朗君も学生当時から才気溢れる存在だった。

民科と関連深いサークルとしては労働法研究会があり、私も準会員として労研の勉強会にも度々出席した。都立大学から沼田稲次郎教授が時々顔を出し、パイプをふかして文字通り学生たちを煙に巻いた。「イギリスの労働組合は地下の酒場から生まれたんだ。だから、いろんな工場の職工たちが交流を深め、企業内組合でなく職種横断的組合が生まれたんだ」「共産主義社会となれば、法と国家は間違いなく死滅する」といった調子だったが、国家死滅論は、全くの空論であった。

労研のリーダーだった芹沢寿良氏は鉄鋼労連の書記を経て高知短大の副学長、大原社研の研究員となり、私が家の光労組の委員長の頃は理論面でも多大な啓示を受けた。同じく労研の森岸生氏は読売新聞政治部の編集委員となり、『地上』の政界コラムを連載執筆して頂くことになる。のちテレビ金沢の専務を務められた。

〈第六話〉聖母の手に救われて

思えば、私が卒業と同時に家の光協会に就職できたのは奇跡に近かった。三年生の時、学友が早稲田署に不当逮捕され、学部学友会から全学学生協議会（浅田英祺議長。のち「北海タイムス」記者）に加わっていた私は、先輩の弁護士で社会党の代議士でもあった武藤運十郎氏（群馬）を代表に押し立てて、早稲田署に学生の〝貰い下げ〟運動をかけたことがある。警察前には多くの学生が座り込んだ。私たち全学協リーダー数名が署長室に入室したとたん、三方からカメラのフラッシュを浴びた。いわば「サツに面が割れた」のである。

その瞬間から、私はまともな就職は諦めなければならなかった。それで、四年生になると先輩の中藤泰雄氏（前記）を頼り、人事課長が共産党員であった芝信用金庫をとりあえず受験し、東大生と共に二人が採用内定の通知を受けた。中藤氏はその頃、全中の企画部（南波常夫部長）でアルバイトをしていたので、全購連や農林中金の存在も彼から教えられた。郷里静岡の元建設相、竹山祐太郎代議士が東大農学部で父の後輩という仲であったので、その伝手で女婿の伊藤昌氏（農林中金）のお世話になり〝駄目元〟で農中、全購連にも願書を出して、学科試験はパスできた。学生運動経験者であることは、無論秘中の秘にしておいた。

偶々、その頃帰省したら、静岡市の実家の二階に一冊の『家の光』があった。農学校教員をした父の教え子が遊びに来て忘れていったものだった。その『家の光』をめくるうち『地上』と『日本農業年鑑』の広告記事が目に入った。早速とりよせてみると、鋭角的な農政論評は『地上』にも『年鑑』にも共通している。〈これだ！〉と、体内に電気が走った。広津和郎の『泉へのみち』を読み、雑誌記者に憧れていたのだった。すぐ帰京して家の光協会を訪ね、志望意思を訴えた。『地上』編集部の石橋勝一という記者が親切に対応してくれた。

このあたりから私の運命は開けていく。家の光協会の採用試験のうち、学科試験を約三百名中二番でパスした段階で、農林中金の伊藤昌氏が当時調査部考査役であった青木一巳氏に推薦状を依頼して下さった。青木氏は協同組合経営論の権威者で、氏からの推薦状は大きな力を発揮した。さらに私の下宿に帝国興信所から身上調査員が訪れたのだが、先に述べた嘉陽はつさんが「鈴木さんは真面目な学生さんで、よく勉強しているようです。思想的なことも余り関心がないようです」と答えてくれたのである。はつさんは革新運動に走る我々学生を温かい眼差しで見つめて下さる人だった。心情的なシンパと言ってよい。私は心の中で、はつさんに手を合わせた。私たちにとってまさに聖母であり慈母観音でもあった。彼女の気配りで、あの鍋底不況で就職難の時代に、何とか希望の職にありつくことができたのである。

思えば、学生時代の四年間は綱渡りの連続であった。偶然の重なり合いの中で、何とか社会人になれたのである。再び生まれ変わって「同じような学生生活を送ってみよ」と言われても、それは無理だと思う。若かったからこそ出来た冒険であった。地下室のサークルや生協などを渡り歩き、〝サークル荒らし〟的行動を重ねたことも若気の至りである。

結局のところ、共産主義は肥料に例えれば三要素にプラスされた微量要素であり、作物の成長には、不可欠。また人体に例えれば食物繊維であり、政界の毒素を下ろし、民主政治を健康に保つには、欠かせない。作家の森村誠一氏は「共産党は減り過ぎてもいけないが、増え過ぎてもいけない大腸菌のようなものだ」と言ったが、言い得て妙であり、一理ある。

共産主義体制に最初の疑念を抱いたのは、大学四年の一九五六（昭和三一）年、ハンガリー、ポーランドの自主独立勢力をソ連が戦車で押しつぶした事件であった。あの時、同宿で一学年下の教育学部生・渡辺信也君（旭川東高出身）が、「鈴木さん、これじゃ共産主義も駄目ですね」と、つぶやいたのが印象に残る。この疑念は、一九六八（昭和四三）年、ソ連の軍隊がチェコの〝プラハの春〟を武力で押しつぶした時、確信に変わった。思想言論を抑圧する体制は、ジャーナリストとしても許すことができない。（現にいま私は、ライターとして同党による言論封圧のため、ほとんどの糧道を絶たれている。）

昭和三〇年頃、代々木の日ソ会館で民青の反省集会があり、その時、学生結婚組と思われる文学部のカップルが「この間までクリスチャンとして教会に通っていたが、満たされず民青にすがりつきました」と告白したものだが、社会に出て半世紀を経過したいま、共産主義は間違いなく一神教の宗教であったと断言できる。わが国と異なり、ベルリンの壁と共に共産主義体制が崩壊しても、今なお〝信念〟を変えない人は、思想というよりも「志操」堅固な宗教家そのものと言える。

右往左往した私だが、半世紀を経て思うのは、人生は意外にも無駄メシが少なく、歩留まりがあるという実感だ。まさに「人生に残飯なし」である。マルクス主義的思考は、農業問題を含む社会の問題にアプローチする際の手法としては有力であった。若い時代、マルクス主義を含めた社会改革思想に無関心だった人は、やはり世の動きに鈍感という他ない。

学生時代、さまざまな啓示の言葉を耳にしたが、忘れ難いのは露文科の松尾隆教授が語ってくれた英国の唯美主義作家ウォルター・ペーターの言「与えられた瞬間瞬間を宝石の如き固さをもって燃え続けよ」である。先輩の言葉として印象に残るのは、かの早坂茂三氏からの激励であった。「男というものはだね、嫉妬の海の中を泳いでいかなければならない。味方百人何千人の世界だぞ、キミ」この言葉は、のち編集者時代に聞いた源氏鶏太氏の言葉「月給とは我慢料なんだぜ」と共に私の人生の貴重な糧となっている。源氏鶏太氏の〝名言〟は、のち平成一八年三月五日の読売新聞一面コラム「編集手帳」に、私の実名と著書（『農と風土と作家たち』・角川書店）と共に紹介された。

学生時代の末尾、昭和三一年には、当の武装闘争の誤り、六全協での〝坊主ざんげ〟を知って、既に「革命」への情熱は、すっかり冷え切っていた。「歴史の必然性」とのドグマにも、まったく同意できなくなっていた。従って、就職後に職場にも「細胞」なるものがあったが、私は、そのメンバーに加わるほどタフな感性（つまり感度の鈍さ）は、持ち合わせず、自身のサラ地の目で農村を見つめよう、との決意が固まっていた。

七　遥かなる人への追憶

人それぞれの人生のなかには、三人の仲間で歓談し、のち二人と死別して自分独りが生き残っている——といった経験をお持ちの向きが少なくないだろう。ここに記す拙文も、そのようなケースにまつわる私的エピソードの断片である。（文中敬称略）

〈その一〉生田浩二と富永房男

私が大学生だった昭和二〇年代末期、いわゆる進歩的な学生の間で「帰郷運動」というのが行われていた。夏休みに郷里に帰ったときに帰郷先の若者たち（主として工員、商店員、ＯＬなど）と交流する場を設け、その集いを「民族解放民主統一戦線」の方向に誘導しようという試みであった。静岡出身の私は、同じ新制静岡高校の〝革新〟的な仲間と共に五～六月頃からその帰郷運動の準備に取り掛かっていた。リーダー格が東大生の生田浩二で、サブが同じく東大の富永房男であった。

生田は高校在学当時から共産党員で飛び抜けた秀才であり、高校自治会の委員長を務めていた。東大文科Ⅰ類に入ってからは活動家としての頭角を顕わし、駒場細胞のキャップなどを務める。医師の子息である富永は理科Ⅱ類に入ったものの活動にのめり込んで志望の東大医学部には進学できず、東京医科歯科大へ横滑りすることになった。

私は共産党員ではなかったが民青早大班に属し、「吉田内閣打倒」等のデモには度々参加していた。紀尾井坂の清水谷公園が当時の集結場所であった。昭和二八〜九年の頃、妙義山の米軍演習地の拡大で東大の地震研究施設の存立が脅やかされるという事件があって、東大だけは途中から別行動のデモに入るため、集会から離脱するという出来事があった。私の所属していた早稲田も含めて他大学からは「統一の足並みを乱すな」「単独行動反対」の声があがった。その時に他大学側に駆けつけて釈明と説得に当たったのが生田であった。正村公宏（のち専修大教授）、大谷喜伝次（のち税理士）らの活動家も一緒だった。〈ふーむ。こういう難しい役を演じるところをみると、生田も相当なリーダーになっているぞ！〉と、私は妙に感心したことを覚えている。その生田と私とが、昭和二九年の六月頃、阿佐ヶ谷にあった富永の下宿を訪ね、三人で帰郷運動の打ち合わせをしたのだった。三人は静岡に「どじょっこ会」と称する交流組織をつくることを決め、夕方連れ立って阿佐ヶ谷駅前のラーメン屋に入り、空腹を満たした（この会には弁護士となった小長谷良浩もいた）。

のち昭和三五年の安保闘争の際、国会周辺のデモの渦の中で生田と会う。「このエネルギーを革命に結びつけられない。残念だ。本当にもったいない。畜生め！」と生田は心から悔しがっていた。当時生田は既に共産党に見切りをつけブント（共産主義者同盟）の書記長を務めていた。デモ後の流れ解散を主張する共産党の指導方針に強い反抗心を抱いていたのだ。強固なマルクス主義者だった生田は経済学部に進んだが、のち〝マル経〟に絶望し、近代経済学に活路を求めて渡米留学したのだが、一九六六年、アパートの火災のため夫人と共に焼死してしまった。享年三四。島成郎と並んで新左翼の生みの親であっただけに、その死を惜しむ人が少なくなかった。今なお戦後学生運動史上に必ず銘記される存在である。

富永は、のち医師となったのだが、看護婦との結婚を思いつめたものの両親の理解が得られず、絶望の果て自殺の道に行きつく。駆け落ちでも何でもすればよいのにと歯がゆく思ったが、医師の家庭という育ちの良さが、かえって災いしたようだった。医学生当時、狭山湖畔で看護婦さんたちとフォークダンスを楽しんでいた富永の嬉しそうな姿が目に浮かぶ。「歌ってマルクス、踊ってレーニン」と文芸春秋あたりから揶揄された光景である。生田も富永も共に丸顔で眼鏡がよく似合った。生田は大村崑に似た呑ん気な父さん、富永はおにぎり坊やといった、共にのどかなムードの若者だった。三人で膝を寄せて語り合った、男臭い四畳半での歓談の情景が忘れられない。

〈その二〉 山崎宗次と前野和久

早稲田での同級生であった山崎宗次は、雄弁会に所属し、クラスではカリスマ的な存在であった。彼と私とは共に学友会（自治会）の選挙に立候補し、私は大敗を喫した。山崎は、学生ながら保守政治家のような気風を既に身につけ、少数野党のような学生運動者の私では勝負にならず、私は数票の得票があったのみだった。

山崎は毎日新聞に入社し、新潟支局を経て社会部に配属された早々「ふとん包み殺人事件」で特ダネをスクープし、新聞記者として順調なスタートを切った。そのうちＮＨＫ連続ドラマ「事件記者」の作者、島田一男に注目されて、「ヤマちゃん」のモデルともなる。そして彼は昭和四七年には警視庁記者クラブのキャップとなっていた。当時雑誌『地上』の編集次長だった私は、山崎に頼んで警視庁キャップ四人による事件取材裏話の座談会を企画した。朝日、読売、共同のキャップに山崎を加え、神楽坂の料亭「みはる」で怪気炎をあげてもらった。話がいちばん盛り上がったのは浅間山荘事件の裏話だった。銃弾をよけながらの、すさまじい雪中匍匐取材談である。その他、横井庄一軍曹の帰国、川端康成の自殺、外務省機密漏洩事件と、この年は事件のネタに事欠かなかった。

山崎は社内では「ヤマソウ」のニックネームで畏敬され、新聞記者志望の学生たちを対象とする「山崎マスコミ塾」を主宰していた。前野和久は、警視庁クラブでの山崎の部下であり、山崎塾のアシスタントでもあった。私も農業問題について出講を要請された。

その頃のある晩、記者クラブを訪ねた私は、山崎、前野との三人で西新橋のそば屋「砂場」で歓談した。東京教育大出の前野も気鋭の事件記者で、盛岡支局時代には山村部の貧窮学童救済運動を取材し、これを『すずらん学級の子供たち』と題する単行本にまとめていた。山の鈴蘭を売って学用品の費用を賄う学童たちの感動物語であった。前野と知り合いになった私は『家の光』や『地上』に時局ものの解説原稿を度々依頼するようになる。私が『地上』編集長の頃には、前野は遊軍記者を経て郵政省詰めとなり、昭和六〇年前後には既に情報通信革命の前触れ的な原稿をバリバリ書いていた。

山崎は社会部副部長から突如腕を買われて広告局次長に異例の二階級特進をした。経営が傾いていた当時の毎日新聞の特殊事情によるものだったが、社会部長をめざしていた山崎には酷な人事だった。「取材記者としては疲れはててしまったよ。これからは〝タカが広告、されど広告〟の日々だ」と、彼は泣き笑いの表情をみせていた。昭和六二年の六月、新宿でクラス会が開かれたとき、山崎は自著『広報力』（講談社）を級友たちに手渡した。その本の見返しに彼はこう記している。「千里の目をきわめんと欲し更にのぼる一層の楼」。彼のあくなき向上心と読めるし、見方によっては、たくましい昇進欲も覗いているようであった。しかしこのクラス会の一週間後、山崎は千葉県茂原市の真名ゴルフ場で心不全のために急死した。七月四日、蒸し暑い日の朝、ゴルフ場に招いた広告クライアントたちとの懇親コンペでの悲劇だった。享年五二。「下手をすると社長になるぞ」と、社内の先輩たちを畏怖させていたほどの有力株の予期せぬ急落であった。山崎の弟分であった前野は、毎日新聞退社後、群馬大学教授に転進したが、彼も間もなく六十歳寸前で病死してしまった。ひと頃あの警視庁内を肩で風切っていた事件記者コンビの早逝であった。

〈その三〉せめてものレクイエム

以上述べた今は亡き四人は、それぞれに個性的で優れた人材であった。各氏とも私のこれまでの人生の節目に、懐しい思い出のよすがを与えてくれた人々であった。

生田浩二、富永房男の二人について言えば、あのベルリンの壁の崩壊に象徴される社会主義体制の将棋倒しを彼らたちの目で見せてやりたかった――という悔いが残る。生き残った私自身は、あの一連のすさまじい体制変革を見て、〝生けるしるしあり〟の鳥肌立つ実感を覚えた。既にマルクス・レーニン主義に絶望していた生田には、彼の学問の延長線上の幾何学模様として、あの壮絶なクラッシュ現象を見てほしかった。

生田と同じ軌跡を辿っていた経済学者としては青木昌彦がいる。ブント発足当時は姫岡玲治のペンネームでスターリンを批判しトロツキーの再評価を促す論文を書いていた俊秀である。生田と同じくアメリカに留学して理論経済学の道を究め、京大経済研教授として比較制度分析を提唱した。生田も命永らえていたならば、青木に比肩し得る巨大な存在となっていただろう。富永もまた、島成郎や今井澄のような、民衆派〝赤ひげ〟として、社会的弱者の救済に献身したに違いない。山崎宗次は交際範囲が抜群であった。岸恵子、宮城まり子、大鷹淑子、黒沼ユリ子など女流著名人との華麗な交遊ぶりもさることながら、葬儀の友人代表には海部俊樹、藤波孝生といった雄弁会仲間、磯村尚徳、深田祐介らが名前を連ねていた。亡くなる四年前のクラス会で、山崎は「血糖値が高いのが気になる」と言い、また「ゴルフを覚えて人生観が変わったよ」とも言っていた。彼の死には、この二つが悲しくも結びついてしまった。五〇歳にして役員待遇・広告局長になっていただけに、念願の「毎日新聞社長」が見果てぬ夢となった。

前野和久は、幅の広いヒューマニズム派が国立大学教授の職を得て、これから本格的な研究生活という矢先に生命を失ってしまった。まことに惜しまれる夭折だった。

共に歓談し合ったトリオのうち、二人が欠けて私一人がいま生き残っている。故人が健在だった場面をいろいろ思い起こし、二組のエピソードを掘り起こしてみた。遥かなる人への追憶が曳航される船のように我が胸中に揺らめいている。

八 『樺美智子・聖少女伝説』を読む

私が現代女性文化研究所の講座に出席するようになったきっかけは、数年前、大学時代からの畏友・坂本竜彦君（元朝日新聞編集委員）が「望月百合子と満州」を語るという企画を知ってからである。以来、昭和史絡みのテーマが採り上げられる時は、できるだけ出席するように心掛けてきた。このほど五月十四日、江刺《えさし》昭子さんの著書『樺《かんば》美智子聖少女伝説』に関連する講座を拝聴して、〈ああ、男性の身ながらこの会の会員になっていてよかった〉との感をますます深めた。

江刺さんの著書は発売されるとすぐ購入して、むさぼるように読んだ。あの昭和三五年六月一五日夕刻、当時家の光（農村向け出版団体）の労働組合員だった私は、あの国会南通用門の手前まで駆けつけ、警官隊に押し返されて血まみれになった学生の一人を助け起こし、ハンカチで血を拭ってあげた体験がある。その時耳に入ったのは「学生が二、三人殺されたらしいぞ」の声だった。やがて「女子学生が死んだ」の声となり、学生のリーダーは「警官も人間なら鉄かぶとを取れ」と叫んでいた。

こうした生々しい体験を持つ身としては、江刺さんの書は、まさに半世紀の余、待望してきた本でもある。そしてこの本を読み進むにつれ、樺さんの純粋にして痛ましいほどの革命への思い入れに心打たれると共に、物語の中で、私の友人が重要な役割を演じている事実に突き当たる。その友人とは、ブント（共産主義者同盟）の初代事務局長を務めた生田浩二である。生田は、私の新制静岡高校当時の自治委員長であり、新聞部編集長であった私とは定例会見をする仲だった。大学時代も彼とは帰郷運動を協力し合うなど、強い思想的影響を受けた。生田は東大駒場細胞のキャップを務めたあと、ブントに転じている。

樺美智子さんも駒場の細胞に入ったのち、生田に付き従うようにブントの一員となる。六全協後、穏健な行動に転じた共産党への不満が嵩じたものであったことは江刺さんの本でも明らかにされている。ブントの機関誌『戦旗』に嶚さんへの弔辞を書いたのが生田であったことも、この本から教えられた。ブントは、安保改定阻止にそのエネルギーを賭け、闘争の混乱状態の中から〝革命情勢〟が開けるとの期待を抱いていた。しかし安保闘争の挫折により、その活動は急速にしぼんでいく。若気そのものの短兵急な組織だっただけに、ブントに身を投じて二二歳の若さで落命した樺さんの短い生涯が哀れでならない。

それにしても六〇年安保闘争は、岸信介への嫌悪感に代表される戦時体制への心理的決算と、戦後民主主義の確認という壮大なセレモニーであったと思う。江刺さんのこの度の著書は、数十氏に及ぶ関係者への取材、そしておびただしい文献調べを経て創り出された、文字どおりの労作である。この書により、逝去後半世紀を経て、樺さんの霊魂も定まるべき場所を得たのではあるまいか。

本書の編集を担当された元文芸春秋編集長の木俣正剛氏とは三〇年ほど前、牛込の居酒屋で野球談を交わした間柄である。また、あの六・一五の当夜、警官に叩かれながら永田町の中継放送をしたラジオ関東の島碩弥さんは、野球雑誌『ホームラン』の座談会でも同席した友人であった。そして樺さんの父君・俊雄氏の手による『クライネス社会学辞典』（創元社）は私の座右の書となっている。さまざまな繋がりを経て、江刺さんの本に出会え、直にお話を聞けた感銘は、極めて深いものがある。

（『現代女性文化研究所ニュース』）

九　労組委員長時代に学んだこと

全農協労連に加盟

昭和四〇年四月から一三カ月、つまり一年余、家の光労働組合の執行委員長を務めた。三二歳から三三歳にかけてで、職場は『家の光』編集部社会班だった。

当時、家の光労働組合は上部機関に所属せず、単独組合のままであったので、私は委員長就任後、すぐに上部機関加盟のための教宣活動に着手した。出版労協か全農協労連かが、その争点であった。出版団体固有の労働条件の整備という点から、出版労協加盟の気持ちもないではなかったが、やはり、それでは「農協界の孤児になる」との危惧を抱く組合員も少なからず、職場討議の末、臨時総会で全農協労連加盟を議決した。

その頃、全農協労連の委員長は嶋岡静男氏（三重県中）、書記長は飯塚和夫氏（神奈川県津久井農協）、事務局長が倉西勉氏（全購連）で、私たちの加盟を歓迎してくれた。全購労中央書記長の青木喜久彌氏も〝友情と連帯〟のメッセージを贈って下さった。嶋岡委員長は農協の教育文化活動にも、家の光事業に対しても厚意を抱く、頼もしい指導者だった。

昭和四〇年度の家の光労組執行部は、副委員長が河野稔、書記長が鈴木文夫（故人）、執行委員が、黒木久仁男（故人）、山吹一幸、森下和行、竹村昭次、といった面々であった。

四〇年度の協会新入職員に対する労組ガイダンス、つまり組合加入勧誘の会の席上、のちに文筆家として名を成した石浜みかるさん（神戸女学院大卒）が「家の光は社団法人なのだから労働組合は必要ないのじゃないですか」と質問してきた。私は即座に「いや、社団法人と言えども労使関係は厳然としてありますよ」と、できるだけ噛み砕いて答えた。彼女は決してアンチ労組という態度ではなく、瞳を輝かし、好奇心旺盛な表情だったので、明るい雰囲気のなかで問答が続いた。

石浜みかるさんは『シャロームイスラエル』を出世作として、今なお精力的に著作活動を続けており、直木賞作家・故高橋治氏夫人だったことで知られている。協会在職中は役員室の秘書で、宮部一郎会長に可愛いがられていた。語学が達者で利発なお嬢さんだった。この年の新入職員には小橋三久（元・家の光常務）、須藤健一郎（元・家の光出版総合サービス常務）、斉藤充（元・家の光編集局長）といった人材が顔を並べていた。

時限スト決行前後

当時の労働界は賃金闘争攻勢が強く、年末闘争と春闘には持てるエネルギーを全面的に傾注した。私の率いる四〇年度委員会も、年末闘争には超勤拒否、春闘では時限ストを打った。と言ってもその規模は二―三時間の時限ストで、前年度の三谷秀雄委員会の闘争規模を踏襲するに留まった。

時限スト中の時間は、貸し切りバスで水道橋の全逓会館に組合員を誘導し、総決起大会を開催するというイベントで消化した。会場には嶋岡委員長以下、全農協労連幹部も来賓として顔を見せ、四連労協からは及川郁夫氏（全共労）、平野伸吾氏（全販労）が激励に駆けつけて下さった。我々は「団結」の文字入り赤鉢巻に赤腕章、そして「要求貫徹」と染めぬいた赤だすきを肩から掛けた。「まるで出征兵士だ」「愛国婦人会だ」と、部課長連中から冷やかされたものである。

決起集会に先立って、協会玄関前でピケッティングや、シットダウン戦術をした時には、大学時代の友人で弁護士の佐々木秀典君（のち民主党代議士）に立ち会って貰った。佐々木君の厳父秀世氏は運輸大臣を務めた自民党代議士だったが子息の秀典君は、大学時代私と共に民科早大班法律部会のメンバーで、勉強会やら街頭デモで気勢を上げた仲間である。のち北海道旭川市を地盤に社会党から出馬し、細川内閣のときには法務政務次官を務めた。拙著『農と風土と作家たち』（角川書店）の出版記念会のときには祝辞を述べてくれている。

当時、母校の労働法教授で、私にとり恩師である野村平爾先生が偶々家の光会館を会場とするセミナーの講師として来会されたので、「いま委員長をしています」と先生に挨拶した。闘争期間中には野村先生のお宅に電話し、労働法規上の注意点をいろいろ助言して頂いた。

団交を数重ねるうち、交渉相手の「奥原入道」こと奥原潔専務理事が「どうだい。この辺で一対一で話を詰めようじゃないか」と、食事に誘ってきた。「いや、それはできません。団交以外の場所は困ります」と拒絶したのは言うまでもない。そのことを竹村執行委員に打ち明けると、「それは受けて立つべきです。そこで畳でも、じゅうたんにでも頭をこすりつけて、土下座してでも要求を実現させるべきじゃないですか」と竹村君は言う。要するに「委員長は泥をかぶるべき」というのが、私へのきつい注文であったと、今にして思う。

年末闘争も春闘も寒い季節だから、指がかじかんだ。その手でスクラムを組み、労働歌をうたって気勢をあげた。

〽頑張ろう　突き上げる空に　輪をつなぐ仲間の　こぶしがある
　こみあげる女の　こぶしがある　闘いはここから　闘いは今から……。

こうした歌声を張り上げたあの頃。あのエネルギーは、やはり若さというものだったのだ、と今は懐しく回想するばかりだ。

実り多き学習活動

私たちの委員会は、学習活動には力を注いだ。皇居外濠を挟んでお向かいの法政大学からは北川隆吉教授（社会学）を招いた。北川教授は「ヨーロッパ並みの賃金、労働条件」を強調した。「西ドイツ等は実に進んでいる。労働者保護の法制度も整備されている。そこへいくと日本はまだまだ遅れている」と、北川教授は嘆息を洩らした。しかし経済の高度成長によって日本はすぐ欧州水準に追いついた。総評を中心とする労働組合のパワーも当時は〝昇り竜〟だった。しかし北川教授のアタマは《日本はダメ》の一念で凝り固まっていた。

社会党の女性代議士、田中寿美子さんをお招きして話も聞いた。夫君の田中稔男氏と〝おしどり代議士〟で、確か労働省婦人少年局長から政界入りした人だったという記憶がある。女性の地位向上つまり今日で言う「男女共同参画型社会」を熱心に提唱され、女性の組合員を鼓舞激励された。当時、総評弁護団に所属していた弁護士の山花貞夫氏は、極めてソフトタッチに労働法のＡＢＣを解説してくれた。

長洲氏は、当時既に構造改革派は分派という理由で、共産党を除名されていた。当時の構革派には石堂清倫、井汲卓一、力石定一、富塚文太郎、竹中一雄、松下圭一、安東仁兵衛、正村公宏といった論客がひしめいていた。上田耕一郎氏、不破哲三氏の兄弟も、この構革派の傘下にいた事がある。「安仁」こと安東仁兵衛氏とは、のち国民文化会議の勉強仲間になって下さった。

長洲氏は家の光労組の勉強会でも、平和的な議会主義によって勤労者による民主的な政権を築く道を懇切に説かれた。そして、参考書として当時新刊だった『現代の資本主義観』(至誠堂)を薦められた。長洲、富塚両氏の編集による啓蒙書で、執筆者は前記の論客の他、中島嶺雄、杉岡碩夫、秋谷重男氏らも名前を連ねていた。

この本には、ドラッカー、ガルブレイス、ロストウ、ミュルダール、ストレイチー、ティンバーゲン、トリアッティらの経済思想が判り易く紹介されており、その後の読書の指針となった。私はこの中では、ロストウの経済発展段階説とティンバーゲンのコンバージェンス・セオリー(両体制収斂論)に大きな啓示を受けた。ロストウは唯物史観を否定し、伝統的社会―テイクオフ(離陸)期の社会―成熟社会―高度大衆消費社会への発展段階論を提起している。またティンバーゲンは資本主義と社会主義の両体制が接近し、相互に長所を採り合って混合経済を形成するという、極めて先見性に富む理論を展開していた。

たった一回の講演であったが、長洲教授の数々の著書にも導かれて、私は決定的な示唆を頂戴したことになる。このような出会いは、やはり〝学恩〟と言うべきではないか――とすら感じ入るのである。その頃、代々木の共産党本部で農民運動の資料を入手したとき、長洲先生の講演に感銘を覚えた旨を同党農漁民部員に話したところ、露骨に嫌な顔をされた。既に長洲氏は当時の党本部からそのような目で見られていたのである。

昭和四〇年八月、箱根湯本で開かれた都庁主催の夏季労働大学の受講も印象に残る。民科法律部会所属の労働法学者でラードブルフなどの法哲学も研究されていた慶大教授、峯村光郎先生の労働協約論が特に有益であった。この講座は、信州出身の快男児、水沢忠夫君（故人）と共に受講した。会場から宿舎に帰り、浴衣姿でビールを飲みながら、水沢君と四方山話を語り合った夕べのことは、もはやセピア色の思い出となって、わが胸中にある。

在任中、私は委員長として二回メーデーに参加した。次年度の二本松久委員長による〝組閣〟が長引いたためである。昭和四〇年のメーデーはいささかの緊張感を抱いて参加したものだが、四一年のメーデーは、既に春闘妥結後だったので、心も軽やかにデモの列に加わった。

労組活動から学ぶ

賃金闘争の成果（四連労協並み）よりも、学習活動による私個人の収穫の方が大きい労組活動であった。その事を当時の組合員諸兄姉には大変申し訳なく思う。しかし、やはり学習というものは、書斎で学ぶよりも実践活動の中で学ぶ方が印象度は強い。農業問題を学ぶについても、最初から一定のドクマやテーゼで頭を固め、教条主義的に事象を把えるのではなく、真っさらな眼で事象を見、帰納的に理論に行き着く事の方が、真の意味の学習と言える。この体験は、その後の私の取材活動にも大きな影響を及ぼした。(朝日新聞はテーゼからの演繹法的取材で大失敗を犯した。)

労組執行部にいた頃の私は、今思うと視野が狭く、各々の職場でコツコツと労働条件の改善活動を積み重ねていけば、それが日本の革新につながり、民主的な政権に辿り着くものと楽観的に無邪気に思い込んでいた。要するに若気の至りであり、考え方が甘かったのである。

そのような夢想的な自然成長主義は、その後の中国文化大革命やソ連・東欧圏の社会主義倒壊現象を見て、空虚さを思い知らされた。

労組執行部時代を過ぎて既に茫々半世紀。ほとんどが忘却の彼方だが、私のその後の精神生活にとっては、大きな賜物を頂戴した。改めて今さらながらではあるが、当時の労組仲間、そして元組合員の諸兄姉に感謝の思いを申し述べたい。

(『虹』平成一六年一月号)

一〇　「地上インタビュー」雑記

アポから原稿執筆まで

昭和五七年から五九年まで、農村青壮年向け総合誌『地上』の編集長を務めた。その頃、この雑誌には、編集長自身が毎月取材し原稿を執筆するという企画が一本だけあった。「地上インタビュー」という六〜八ページものの固定連載欄で、前任の清沢和弘編集長から引き継いだ仕事であった。取材相手とのアポイントも無論、編集長自身がとるということになっていたので、かなり緊張度を要する仕事であった。以下、そのなかから印象度の強かったゲストについての記憶を呼び戻しながら、約三〇年前の取材雑記を書き述べてみたい。（カッコ内は当時の肩書き。敬称略）。

▽勝部領樹（NHKキャスター）

当時、NHKでは特集番組「日本の条件」が大きな反響を呼んでいた。とくに勝部氏らが取材された「食糧・地球は警告する」は、〝飽食の民〟日本人に対して強烈なショックを与える番組だった。アメリカが勝部氏、ソ連は中村靖彦氏の取材によるもので、アメリカ編では、テネシー州の大豆畑に生じていたエロージョン（土壌流出）の映像と報告が衝撃的であった。表土が雨風に押し流され陥没する現象で、アメリカの収奪農法の恐ろしさを訴えかける映像だった。

ＮＨＫの近くの東武ホテルの一室。勝部氏は「日本にとってもこの問題は他人事じゃないですよ」とアピールされた。「わたしは出雲の農家の出身ですから、土に対しては無関心でいられないのです」という言葉に、このテーマに対する氏の思いの丈が篭っていた。

▽**松本作衛**（農水事務次官）

「作物を衛る心の事務次官」とタイトルをつけた。農業白書を素材に農政課題を聞いたところ「日本農業は過保護に非ず」「農産物輸入の自由化はこれ以上無理だ」と頼もしい発言が続出し、大変心強さを覚えたものである。お名前の由来を訊ねたら「茨城県谷和原村の私の家は昔から代々、松本作兵衛という名を襲名してきた」とのこと。徳川時代から同じ名前を継いできた旧家の生まれで、旧制弘前高出身だけあって胸にロマンと理想主義を秘めておられる。

農業者大学校創立三五周年記念の集会で久しぶりにお会いした。この大学校の第三代校長を務め、農業後継者問題にも情熱を傾注される一方、ＦＡＯ協会理事長として、グローバルな食糧問題にも十分に目配りを利かせておられた。

▽**金沢夏樹**（東京大学名誉教授）

東大農学部を定年退官された直後に、杉並区善福寺のお宅を訪ねた。農学のあり方から東西の農業経営の動態までを縦横に語られた。「生業としての農家」と「企業として形成していこうとする農家」とが、いかに隣り同士で手を結べるのか、「ここが知恵の出し所」と、先生は力説された。

「優れた農業経営者は戦前にもいた。いわゆる篤農家だが、しかし篤農家は必ずしも立派な農業経営者ではなかった。真の農業経営者が誕生したのは戦後で、その契機は農地解放だった。本当に優秀な農家には優れた後継者がいるものです」と、万巻の書が埋まる書斎で、先生は確信を込めて語られた。欧州の農業からは輪作を軸にした複合経営に学ぶところが多い、広い地域にまたがるブロックローテーションの重要性を強調されていたのが印象に残る。

▽**清水鳩子**（主婦連事務局長）

〝おしゃもじ運動〟で勇名を馳せた主婦連のリーダーに最初に会見したのは、私が全中広報局出向時代の昭和三四年。奥むめお初代主婦連会長の時代だったが、その頃から気配り満点の事務局員がいることに気付いていた。その人が清水鳩子さんだった。以来、度々取材に対応して貰っていた。会見の場所は四谷の主婦会館であった。

東京女子高等師範出身の〝先生上がり〟。消費者米価の上昇には無論いつも反対の声を上げていたが、それでいて食管制度についての理解の幅が広く、農業サイドへの共感をずっと保ち続けて来られた。防腐剤、防カビ剤などの食品添加物については世に先がけて警告を発し、〝食の安全・安心〟については草分けの主唱者の一人である。のち主婦連会長となり、さらに奥むめおさんの長女である中村紀伊さんにバトンタッチされた。

いわゆる女史タイプではなく、いつも清楚な女らしさと可愛いらしさを漂わせていた。元NHK解説委員で東京農大客員教授・中村靖彦氏の出版記念会でお会いしたこともある。優しいお姉さんタイプで、私には随分目を掛けて下さった。（大正一三年生まれの九十四歳、最近主婦会館で久しぶりに再会した。極めて御健勝である）

▽**佐野宏哉**（農水省経済局長）

日米農産物交渉の舞台裏について、経済局長室でインタビューした。メタルフレームの眼鏡がよく似合うダンディーなムード。農水官僚というより外務官僚に近い、国際色みなぎるスタンスで、IQ（輸入数量制限）、タフ・ネゴシエーター（手強い交渉当事者）といったテクニカルタームがポンポンと口をついで出てくる。交渉の相手はブロック通商代表、マクドナルド次席代表、そしてネルソン代表補。「彼はカウンターパートです」。同格の相役を意味するこの言葉は、当時初めて聞く用語だった。

「コメは日本にとって本丸ですが」と水を向けると、「いや、コメは聖域だと決めてかかっていいものじゃない」とのこと。この鋭敏な局長の予感はその後十年たって現実のものとなった。デリケートな国際交渉を、いかに頭の固い農業団体人に分かって貰えるか——この点が最も難しいと、この人は頭を抱えておられた。佐野氏は水産庁長官を経て大日本水産会の会長を務められた。二〇〇三年日本外国記者クラブで山地進氏（日経—東海大教授）の激励会が開かれたとき、久しぶりに佐野氏にお目にかかった。旧制三高の〝生き残り〟である。

▽**宇井純**（東京大学工学部助手）

水俣病以来、公害に取り組んで二〇数年という、ひたむきな研究者を家の光ビルの一室に招き、この人が捉えた日本農業の実像を聴いてみた。農業にとっての要注意企業は、パルプ、メッキなど水を多量に使って汚すタイプの工場だと言う。窒素過多の被害が大きく、食品加工による被害も同様と指摘した。氏は農村環境研究会を組織し、東大の中に自主講座を開設して公害問題の連続講義を行っていた。その努力ぶりがマスコミに注目され、〝万年助手〟ながら東大工学部の中で最も著名な研究者の一人になっていた。

宇井氏は、栃木県の開拓農家で育ち、少年時代は毎朝農作業をしてから通学したという。東大工学部の応用化学科に進んだのは、購入肥料の高さが身に染みていたので、もっと安く生産できる方法はないか研究してみたい——というのが動機だった。話すうち、私の新制静岡高校時代の同級生大石康博君（元・東洋紡副社長）が宇井氏と応用化学科のクラスメートであったことが判り、緑の繋がりにも心打たれた。その後、琉球大学に移られ、ひたむきに環境論を追究しておられた。

▽**富山和子**（立正大学教授）

水の研究からスタートして水源を養う土と緑の問題に挑み、土壌と森林の荒廃に警鐘を鳴らす気鋭の女性学者。会見したのはホテル・ニューオータニの一室であった。「緑を失った文明は亡びる」がこの人の持論。農業サイドにも深い反省を促す発言が続いた。迫りくる砂漠化の恐怖に言及し、農業近代化の歪みが土に及んでいることを指摘、「危機が来るときはいっぺんに来ます」と、強調された。

「海の魚介類を育て養っているのは山の森林なんです。林業と漁業、林業と農業の密接な連結性を認識してほしい」と、読者に分かりやすく説明される。そう言えば、この人の著書には『川は生きている』『森は生きている』という児童向け物語風の科学読本がある。私はこれまで未知の分野に入り込むためにまず児童書からスタートする習慣を身につけているので、これらの本は極めて有益であった。

先日、旧制静岡中学の先輩で講談社ＯＢの上杉重吉氏と歓談した時、氏が富山さんと『幼年クラブ』編集部の同僚であったことが判った。当時から鋭敏なセンスの持ち主で個性に富んだ女性編集者であったようだ。その頃の編集経験を生かして、富山さんは毎年「稲と白然」

をテーマにしたグラフィックなカレンダーも制作されている。〝上州女〟だけあって男勝りの気質。

学部は異なるが大学の卒業年次は私と同期。家の光文化賞受賞組合懇談会で富山さんを京王プラザホテルに招き、組合長さんたちと共に、独特の風土論、環境論に耳を傾けたこともある。農業サイドにとって極めて頼もしく貴重な女性理論家の一人である。

▽**大和田啓気**（農用地開発公団理事長）

一九九〇年代の日本農業の進路を大胆に展望し提言して頂いた。アメリカ・カナダの新大陸型農業は別として、日本農業は西欧諸国の農業への接近は可能であると、大和田氏は展望された。可能性のある部門は酪農と園芸であるとも指摘された。氏にとって農政上の最大関心事は農地の流動化であった。農用地利用増進事業をプッシュされ、「土地を貸せば返ってこない」心配を除去し「土地は貸しても大丈夫」な体制づくり、そのための農地法の改正に氏は力を注がれた。そして「農地を守る国民運動」を熱っぽく提唱されていた。

インタビューの場所は、当時、内幸町の大阪ビルにあった農用地開発公団の応接室であった。氏は当時、農政審議会専門委員会の座長を務められていた。氏に会見するのは、これが初めてではなかった。昭和三七年頃、農基法の関連政策として農業構造改善事業がスタートした時、大和田氏は農林省振興局総務課長で、『家の光』の座談会に出席して頂いたものだ。

大和田氏は、その後、欧州旅行中に客死された。氏の温顔と幅広いお人柄に触れ得なくなった淋しさを感じたものである。氏は夜間の東京府立商業学校から一高に合格された苦学力行の士としても知られていた。

▽**宇沢弘文**（東京大学教授）

昭和五八年秋、文化功労者として表彰を受けられた直後、家の光ビルにお招きした。GDP拡大に伴う大気汚染や公害など、マイナスの社会的費用を分析され、エコロジーと経済学とをミックスさせての鋭い探究が注目されていた。

日本農業に対する氏の発言も農業サイドにとって心強いもので、このインタビュー記事のタイトルも「日本農業は過保護ではない」とした。日本農業衰退の原因を尋ねると、「経済全体として見た場合、工業の部門に余りにも異常な形で資源が配分され過ぎていて、人々の関心が工業に向かい過ぎていることが、一つの大きな原因だ」と、答えておられる。

そして、欧米各国との比較で日米農業の「過保護」が宣伝されているが「アメリカの場合、灌漑施設や水利施設は社会的に建設されているし、品種の改良、農産物の価格安定など、いろいろな面で膨大な資源が農業部門に投下されている」と論証され、為にする日本農業批判を論破されている。この頃、発足したエントロピー学会の発起人に名を連ねられていた。「エントロピーとは自然破壊の尺度です」との説明に、氏の学問的立場が察知できる。

しかし日本の農協に対する宇沢氏の見方は実に手厳しい。ややもすると政治・行政からの支援を求め、これに寄りかかり、農家の利益よりも自らの利益を優先させている——というのが宇沢氏の農協批判である。

一高の理科から東大の理学部数学科へ進み、のち近代経済学に転進した。シカゴ大学教授を経て東大経済学部の教授となり、退官後は新潟大教授もされている。

昭和四五年から四七年にかけて、東大助教授だった佐伯尚美氏の連載「新しい農協論」を担当したことがある。その当時、同じ学部の同僚である宇沢氏の力量を佐伯氏は大変高く評価されていた。近代経済学のフレームワークを問い直し、現代文明の諸相をとらえるための理論的再構築を唱える、この著名な碩学の士に会見できたことは、編集者として大きな幸せであった。（なお、ノーベル経済学賞受賞のスティグリッツ氏は、宇沢氏の教え子である。）

▽**土田清蔵**（通産省農水産課長）

農水省から出向の立場だったので、土田課長は日夜板挟みの苛烈な摩擦面に立っていた。「思うは国益のみです」と淡々たる表情だったが、財界の農業への理解不足には首をかしげておられた。

貿易と農業との調和をめざすための課題は山積。肉牛産地の山中貞則氏が前通産相、コメどころの宇野宗佑氏が現通産相とあって、「大臣たちもさぞやお苦しみ？」と水を向けたところ「大臣は信念をもって、やっておられると思います」と、事務レベルの一線をわきまえた言葉が返ってきた。バランス感覚に富む手堅い能吏の印象であった。

◇このシリーズでは、このほか亀岡高夫氏（元農相）（日本消費者連盟代表）、松本三喜男氏（全農総合販売部長）、吉岡裕氏（国際農業交流会議議長）遠藤肇氏（日園連青果販売部長）、清水繁次氏（全農直販社長）にもインタビューを致しましたが、ページ数の制約上省略致しました。

〈付記〉思い出す事など　『地上』編集長在任当時の特集記事では「農協にとっての生協と漁協」、「混住化と准組合員」、「農協のイメージアップ作戦」、「林業と農業の接点」、「種子戦争の行くえ」などの企画が印象に残る。日米貿易摩擦は毎号一貫したテーマで、全中の山口巌専務、桜井誠常務には度々取材した。連載企画では荷見武敬氏の「協同組合地域社会への道」には啓示を受けることが多かった。豊田行二氏の連載小説「青い太陽」は農林国会議員秘書が主人公とあって、取材のため同じ立場にある房村守雄氏（鹿児島県中央会）を神楽坂の料亭に招き、豊田氏と共に苦心談を聞かせて頂いたことも思い出深い。

当時の『地上』編集部のメンバーは以下の面々であった。苦楽を共にしバックアップして貰った仲間の氏名を記入し、改めて感謝の思いを表したい。

〈編集次長〉伊藤正徳（故人）、佐々木善春、野上武士。

〈スタッフ〉粉川研二、岡本淳一郎、大竹光美、江川尚志。

一一　農業面にも及んだ朝日新聞の大罪

三二年間にわたる従軍慰安婦の誤報で、日本の国際的信用を傷つけた朝日新聞の大罪は測り知れないものがある。

この日本を代表する新聞社は、戦時中は日本を軍事国家の方向に進むことを結果的に助けたばかりでなく、戦争完遂に向けて積極的な軍事報道に終始した。このことについては戦後、全社挙げての猛反省をしたはずだったが、ついに日本の社会主義化に向けて血道をあげ、さらには日本国政治に対する嫌悪感を煽る報道に妙な情熱を傾けてきた。

あまり知られていないが、農業や農業ジャーナリズムの面でも、朝日新聞は信じられないほどの罪業を犯している。筆者はこの〝事件〟の至近距離にいたので、そのいっさいを認識し、〝天下の朝日〟の暴挙に言い知れぬ嫌悪感を抱いたものだ。『文芸春秋』平成二六年一一月号に書いた。概要は以下のとおりである。

戦後、月刊『農業朝日』の編集長を務め、さらに朝日新聞の論説委員に就任した団野信夫氏は、農政を担当して農業界に強大な睨みを利かせていた。農政ジャーナリストの会の初代会長を務めたのはこの人であり、昭和時代に筆者は家の光協会から派遣される形でこの会の幹事に就任し、団野会長にお仕えする立場だったことがある。

団野氏は集団農業をもってその農業のあるべき姿と考えておられた。認識の背景には、当時まだ権威を失っていなかったソ連のコルホーズや中国の人民公社というモデルがあることが、私にも判ってきた。氏の著作物からも氏の談話からもそのことは明確であった。そんな折り、農業界の有力出版団体である農林統計協会に異変が起きた。『月刊農林統計』誌編集長であった長沢憲正氏が突然その椅子を外されたのである。当時、既に農政ジャーナリストの会の幹事を務めていた私の耳にも、その〝事件〟の顚末が入ってきた。長沢氏が「新利根開拓」の名で知られていた新平須協同農場のリーダーである上野満氏の「進歩的」運営方針を誌面で批判したところ、上野氏の後ろ立てを自他共に任じていた団野氏の逆鱗に触れた。すぐさま団野氏の〝力〟で長沢氏は編集長の椅子から追われたというのである。あまりにも出来過ぎた話なので半信半疑だった私は、折りから農政ジャーナリストの会の部屋で当の長沢氏ご本人に事の経緯を問い正してみた。

「実はそうなんだ。オレはその方面から斬られちまったんだ」と、長沢氏は寂し気に笑った。天下の朝日の力とは凄いものなのだ――と、私も息を呑む思いであった。新平須協同農場は、「日本のコルホーズ」を目指していた上野氏の指導による生産協同組合であった。ひところは農業共同化の模範的モデルとして脚光を浴びていたものだが、その徹底した平等主義と禁欲主義に若い世代の後継者がついていけず、二人、三人と脱出する若者が増えていった。長沢氏はその実態に触れて上野氏の指導方針に批判を唱えたのだった。それが、集団農場方式を至上と信じ込んでいた団野氏には許せなかったのだ。

それにしても、農林統計協会と言えば、農水省統計調査部足下の重要な農業系出版団体であり、筆者も数回、この協会から拙著を刊行して頂いた間柄の団体である。その編集長人事に朝日新聞は外部から介入の手を延ばしていたわけだ。〝内政干渉〟という言葉を超えた暴挙と言える。それも社会主義・集団化農業という己れの抱いたユートピアの実現のため、一出版社の編集方針を左右させようとする、極めて厚顔な行為である。当時の朝日新聞の権威は、それほどに強く、こうした我がまま勝手が許されたという時代背景もある。

それにしても、農水省直系出版社の編集長と言えども、自分のイデオロギーに沿わない人間は、役職から追放するだけの力が朝日新聞にあったという歴史的史実には、驚き入る。

団野氏自身の人柄は親分肌のところもあり、筆者は氏への追悼文を書き、本書の第四部に収めている。しかし、客観的にみれば、これは「朝日新聞の大罪・農業編」と断定してよかろう。雑誌編集者であった筆者は、荒垣秀雄、扇谷正造、入江徳郎、森本哲郎といった朝日の誇る名記者からは直接原稿を執筆して頂いた間柄である。講演の名手であった扇谷氏の尻について旅に出て司会を担当し、氏の名調子に聴き惚れたこともある。新潟県の直江津では、天皇が宿泊された部屋は扇谷氏、侍従の泊った部屋は筆者が泊るというコンビでもあった。森本哲郎氏とは香川県へ同行した。飛行機の時間は氏にとって睡眠時間と決めていた。自分の体は自分で規律的に習慣づけることを氏から学んだ。名文家の疋田桂一郎氏は最初の赴任地が静岡支局であったため、高校時代新聞部編集長を経験し、ジャーナリスト希望だった筆者は、直接疋田氏からヒントを頂く機会にも恵まれた。経済記者として敏腕をふるった中江利忠氏がジェトロ（日本貿易振興会）担当のころ、農産物貿易論を雑誌『地上』に書いて貰ったこともある。氏は、のち社長に栄進した。

相互にジャーナリストとして情報や意見を交換した相手のうち、識見・人柄ともにハイレベルだった記者は、政治部の早野透氏と経済部（農政担当）の村田泰夫氏である。早野氏は岐阜・札幌の支局を巡り本社の政治部次長にまでなりながら、田中角栄の地元・新潟の三区から直接情報をとるため、自ら新潟支局詰めを志願したほどの〝角栄通〟であった。現在は桜美林大学教授として後進の指導に当たられ、時折りは筆者が住む八王子まで来られて、酒席を共にする間柄だ。仲を取りもってくれた人物は、田中角栄の名物秘書を務めた早坂茂三氏で、氏は私の大学サークル（民主主義科学者協会・早大班）の先輩でもあった。

村田氏の農政論は精緻を極め、筆者は氏の著書「攻めの保護農政」（農林統計協会）から貴重な示唆を頂いている。同じ農政ジャーナリストの会の仲間でもある。

このように、優れた人材を少なからず輩出している朝日新聞社だが、まことに感心できない記者も数多く生んでいる。その典型が元北京特派員の秋岡家栄氏だ。氏は北京駐在当時、終始中国共産党のスポークスマン同然の形で、決して中共に都合の悪いニュースは書かなかった。それどころか歯の浮くような毛沢東礼賛の記事には辟易させられた。筆者は『家の光』の取材課長当時（昭和五〇年頃）、氏にベトナムの状況を書いて貰ったが、これまたホーチミン礼賛の一辺倒で、とても雑誌の記事として活字にできる内容ではなかった。

やはり朝日の北京特派員を経験した吉田実氏とは共に日本ジャーナリスト懇話会員として同席したが、氏は中国を語るとき、あたかも惚れた女を思い浮かべているような〝法悦境〟の表情を浮かべ、見ていられなかった。こんな精神状況で客観的な報道ができるわけがない――と、私は睨んだ。このように、朝日新聞は、バランス感覚を著しく欠いているのだ。

『朝日ジャーナル』編集長からＴＢＳのニュースキャスターとなった筑紫哲也氏も、ジャーナル時代には新左翼の機関誌同然の誌面を造ったし、テレビに移ってからは、イラクに無理矢理密入国して人質となった高遠菜穂子という女性をかばいにかばって、「自己責任」を強調した外務省当局に対し、「思いやりのない官僚的なやり方」と非難して悦に入っていた。

このような、ウエハースのように軽い〝進歩的文化人〟としては、岩波書店の社長を務めた安江良介という男もそうであり、小田実という「作家」も同様であった。安江は岩波百余年の歴史に泥を塗った、恥知らずな金日成崇拝者であった。小田も北朝鮮・金日成への薄っ篦な礼賛者であった。同じ文脈には、あの〝知の巨人〟と言われる加藤周一氏や作家の大江健三郎も連なる。ノーベル賞は貰ったもののノドン・テポドンなどのミサイルを常に放つ好戦国・北朝鮮をかばい続ける不見識な物書きである。

従軍慰安婦というデッチ上げの報道を三二年間も続けて、わが国の国際的信用をこれでもか、これでもかと下げ続けた新聞社朝日は、植村隆記者の責任も重大であり、役員一斉に辞任し社も解散して出直すしか道はないだろう。とにかく、戦中から戦後七〇年、大衆をミスリードし続けた媒体なのであるから、遅ればせながら罪を悟って自浄機能を見せるべきだ。

朝日内部でも編集方針への批判者は皆無ではなく、『週刊朝日』副編集長を務めた稲垣武氏（故人）は『朝日新聞血風録』（文春文庫）等で、朝日内部の腐敗ぶりを告発していた。また元『週刊朝日』編集長の川村二郎氏、元編集局員の本郷美則氏、元ソウル特派員の前川恵司らも朝日内部に在職した頃から異口同音に批判の声をあげている。

元モスクワ特派員の木村明生氏は一九八四年に筆者が編集長だった『地上』の座談会に出席され、ソルジェニーチン問題を語って貰ったが、その際木村氏は、当時の編集局幹部がソ連共産党批判を続ける木村氏の送稿に対して明らかに不快の態度を示していた、と語られたものだ。朝日という新聞は、社会主義全盛時代、ソ連や中国共産党への批判もタブー視していたことを思い出す。また、元論説委員の柴田鉄治氏は慰安婦問題への社全体の処置の不手際を批判している。この度の従軍慰安婦問題は、こうした朝日独特の体質に根ざすものであったことがよく判る。（但し、永年にわたる高校野球ファンである筆者は、甲子園大会を主催する新聞社という一点において、まだ朝日新聞への敬意を失っていない）。

しかし、さすがに朝日の輝ける伝統は失われていない。小泉進次郎氏発言を掲載した「サンデー毎日」「エコノミスト」の向こうを張って「週刊朝日」が〝安倍農政の堕落確か〟といったニュアンスの特集を平成二八年三月一一日号に組んだ。これは「結論先にありき」の同社一流の手法で「安倍農政の失墮を朝日自身が願っていることの表われだ。アンケートに応じた農協組合長の中には、こうした風潮の影響を受けた人々も、ないとは言えないだろう。

なお筆者は、二〇〇七年七月二七日発行の日刊「協同組合通信」において、従軍慰安婦問題につき、既に次のようなコラムを書いている。筆者の立場を明らかにする意味で転載する。

＊　＊

「吉田清治という扇動者がこのデマをとばし、国の権力で従軍慰安婦たることを強制したという噂をふり巻いた。これに朝日新聞やＮＨＫが乗っかり、あろう事か河野洋平衆院議長までが無用の謝罪をしてしまった。

しかし、朝鮮半島を含む戦前戦中の日本を知っている筆者は断言できることだが、これは純然たる〝商行為〟である。親が娘を売り飛ばしたのである。このような人身売買をするほど朝鮮を含めて当時の日本の農山村は貧しかったわけだ。慰安婦の需給関係は明らかに、〝買い手市場〟で、何も国家権力による強制で調達しなければならない状況ではなかった。人身売買それ自体、戦前・戦中の日本の大きな恥辱だが、強制的な慰安婦調達はなかった。恐ろしいのは流布する「常識」だ。

そこへもってきて、今度は「週刊朝日」平成二六年一一月七日号が「滅ぶ日本のコメ」を大特集したのだが、「アベノミクスは失政」という前提のもとに群馬県下で性懲りもなく、見込み取材をした。高崎市で就農四年目の若者が二八haもの大規模稲作をしていたが、農業の前途を悲観して自殺という記事なのである。

〈まさか就農四年目の若者が二八haもの大経営をいきなり、担えるはずがない。このような大面積の地を借りられるほどの対人信用が得られるはずがない〉と、不審に思った私は、すぐ高崎市に赴いた。案の定、これだけの大面積は父親の力によるものだったことが判った。記事では、わざと父親のことには何ら触れていない。経営権は父親にあり、息子は経営の将来を心配する立場にはない。実はこの若者はウツ病で自殺していたのだった。

筆者も永い間、農業取材をしてきたが、農家が自殺に走るのは借金の返済に窮した場合がほとんどである。将来を悲観しただけで農家は自殺などしないものだ。それが農家なりのリアリズムなのだ。もしそうだったら秋田県八郎潟の干拓地に入植した大潟村の人々は全員自殺しなければならない。

朝日は又もや「結論先にありき」の取材をしたのだ。「農家が二名自殺した」というネタを得て「しめた！　これで安倍をぶっ叩こう」と、他人の死をむしろ喜んでいる編集会議の風景が（同じ職業をした者だけに）目に見えるようだ。私はことさらにアベノミクスを支持する者ではないが、このような、えげつない記事表現のやり方には、いかがわしいものを感じずにはいられない。もはや朝日新聞には、つける薬がない。

新聞にせよ雑誌にせよ、記者教育の第一歩は「ネタのウラを取るべし」だ。朝日の場合、この記者教育の鉄則が説得力を持たない新聞社となってしまった。筆者にとり半世紀以上にわたり愛読し続けた新聞だが、敢えて以下のことを同社に迫らなければならない。

すなわち、組織あるところ自浄作用が働かなければ、その組織は信を失なう。三二年間にわたって誤報を正さず、そのため我が日本の国際社会におけるイメージを下落させた責任を負って、現職の経営執行部は社長からヒラの取締役まで辞表を提出し、改めて「朝日新聞新社」を創設すべきである。

（「文芸春秋」平成二六年十一月号に大幅加筆）

三　農村取材六十年の軌跡

昭和三二年、私は家の光協会に就職したのだが、希望の編集局には入れず、業務部業務課で販売部数の管理を担当し、ソロバン仕事が主で、あまり気乗りがしなかった。業務部員として図書の普及を担当し、神奈川県農協中央会小田原支所勤務だった三廻部《みくるべ》真己氏から懇切な御案内を頂いた。この人とは終生の友となっている。

翌三三年九月、幸い新発足の全中広報局に出向を命じられ、週刊「有線放送ニュース」の編集、さらには日本農業新聞「広報版」で、月二面の取材と編集を任せられた。若造の身ながら、実質的に編集長の仕事をやらされた。私の原稿が初めて活字になったのは、「家の光」でなく日本農業新聞だった。当時、河野一郎農相の提唱で、有線放送電話の普及も積極的に進められていたので、有線の番組制作に秀いでた農協を訪ねて取材したり、NHKや民間放送の農村向け番組制作の苦心談を取材したりする仕事に追われ、働き甲斐のある二年間だった。

有線放送では長野県みすず農協、群馬県綿引農協、静岡県葉梨農協などの番組制作が優れていた。農協県連の民放農事番組づくりでは、ラジオ山陽と提携して「農協アワー」を提供していた岡山県農協中央会、テレビ番組の制作に全国初の挑戦をして、信越放送「農協アワー」

を制作した長野県農協中央会の熱意には頭が下がった。同農協中央会の広報課長が三沢光広氏（のち塩尻市長）で、この人とは常に文通を続け、氏から終始激励を受け続けている。

当時、マスコミでは、東大農学部教授でマルキストの近藤康男氏とその門下生が「中央公論」に連載執筆していた「貧しさからの解放」が、農協界に衝撃を与えていた。農協を「独占資本の吸い上げパイプ」と決めつけ、「家の光」は「未開集落に虫歯の治療機を普及するための砂糖の役割を果たしている」と切って捨てていた。昭和三十年頃、当時「家の光」は一〇〇万部の大台に乗せていた。これだけの部数に達しているのは農協・農家のお蔭だが、「家の光」を侮辱することは、結局のところ、読者である農家への侮辱につながると、私は怒りを覚え、その怒りが家の光協会を受験するモチーフとなった。もっとも、この「貧しさからの解放」は、農山漁村に残存する水利権、入会権《いりあい》、漁業権などのアンシャンレジーム（古き制度）を鋭く分析する調査報告も含まれており、「生ける法」を研究対象とする法社会学にとり、貴重な文献であり、法学を学んだ私自身の勉強にとっても大変参考になった。

全中広報局の出向期限となった昭和三五年九月、私は家の光協会に戻り「家の光」編集部で時局と文芸を担当した。折りしも農業基本法の制定前後、私は農基法を巡る要人のインタビュー、座談会、農村ルポなどを担当させられた。

印象に残る仕事は、時の農相、周東秀雄氏に同行して盛岡を訪ね、岩手県下の農家数名に集まって貰って、農相を囲む座談会を開いたことだ。この時、周東農相のスケジュールを組み、旅程の中に「家の光」の座談会も入れて下さり、懇意なお世話を頂いた農相秘書官が大河原太一郎氏（のち農林事務次官―参院議員）だった。

農基法制定時の事務次官が小倉武一氏だった。埼玉県川越市郊外の農協で農家の声を聞く座談会の企画を立て小倉次官に聞き役をお願いした。昭和三五年の秋だった。ハイヤーで北区のお宅に迎えに行ったが、行きの車中では、小倉氏は苦が虫を噛んだような表情を崩さず、当方も緊張を強いられた。しかし農協の和室では、小倉次官は農家の意見に耳を傾け、極めて和やかな座談会となりホッとした。帰りの車内でも、小倉氏は笑顔を断やさず、朗らかに座談会の感想を述べてくれた。行きのクルマは極めて長く感じられ、返りは短く感じられた。

農業基本法の指導理念を説かれた学者は東大農学部名誉教授の東畑精一先生で「農業政策というものは、時計の針をとめずに分解掃除をするようなものだぜ」と名文句を語られたことが印象に残る。東畑精一先生の実弟、四郎氏は農林事務次官を退官されて日銀政策委員に就任されていた。四郎氏からは、系統三段階の金融は、三段階それぞれに手数料をとるから、農村向けの融資は金利が割り高となる、どうしても政府や地方自治体による利子補給が必要となる～といった基本的な知識を教えて頂いた。先述した近藤康男氏の「貧しさからの解放」は、当時、農家経営の負担となっていた次三男問題をとりあげ、これが経済の高度成長と共に他産業に就職していく状況を「農民首切り」と断じていた。次三男問題を農政の失敗と決めつけていたのに、次三男の就労状況を「首切り」と、これまた政治の失敗とする、近藤氏流のマルクス主義農業経済学に、私は根本的な疑問を抱くようになった。

以後、農村を巡る度に、近藤理論が現実の農村実態を歪めて見ていること、「何でも悪いのは政府の失政が原因」とするレトリックに深い疑問を抱くに至る。近藤門下の学者たちの「理論」も同じパターンであることを強く認識し、今日に及んでいる。

昭和四二年から四五年までは、家の光協会大阪支所で新発足の「家の光」東海近畿版の編集を担当した。「お天気と農業は西から変わる」ことを肌で感じとる機会となった。紀州の白浜温泉などに刺し身のツマとなる紅タデを栽培し直販する農家の中には、交野《かたの》市や摂津市の農家だったが、三階建ての鉄筋コンクリートの住居を建てて、屋内にはエレベーターを設置しているのを見て、驚いたものだ。

近畿地方には、戦前から野市が点在し、青果市場を経由せずに野菜類を直売する方式がみられた。これが、のちに全国的に展開される直売所のハシリであった。家畜の糞尿による汚染の防止のための糞尿処置施設を、大阪府堺市の多頭羽飼育養鶏場で取材し、化学肥料により水田や畑がチッ素過多となって、倒伏や雑草の過繁茂を招いていること。これは姫路市の水田取材で判った。また逆に四日市の養鶏場ではニワトリが工場の排気ガスでのどをいためためる公害の実相を取材することもできた。

昭和四〇年代には新都市計画法による〝線引き〟で、市街化区域と市街化調整区域に区分けされ、都市農業が税制上の圧迫を受けることとなり、京大農学部教授の桑原正信先生から、農地見なし課税要求の理論的根拠などをインタビューしたこともある。このことが機縁となり、菊池泰次、山本修、藤谷築次の各氏とのコンタクトも近畿農協研究会を通じて濃密となっていく。昭和四五年、大阪府吹田市で開催された万国博では、ケンタッキー・フライドチキンが売り出された。この原料のブロイラーは、宮崎を中心とする三菱商事系のジャパンファームから仕入れられていることを知り、商社系によるバーティカル・インテグレーション（垂直的統合）の〝走り〟であることをテーマに「万博とブロイラー」というグラビア企画を立てて、カメラマンと共に取材した。東京に戻ってから、理論面では宮崎宏氏（日大講師）、吉田忠氏（中央大助教授）による『地上』の対談を実施した。

大阪暮らしの三年間は、私にとり農業技術や農政の実態を知るうえで、大いに助けとなった。のち農政ジャーナリズムの世界で生きるうえで、この三年間が貴重な下地となった。

バーティカル・インテグレーションは、契約飼育、契約栽培が基本的なパターンとなる。農家は企業から賃金や畜舎の使用料を得る立場となるが、市場価格の乱高下に悩まされ続けた農家は、チープレーバー（安い労賃）でも〝小さな安定〟を望んでいることを知った。品質を問わず、組合員に一定の価格を保証する〝共販原則〟のプール計算も、高品質の農産物を生産する農家には不満が残ることも知った。昭和の末期、この共販原則を修正し、高品質の農産物を出す農家には、その分を評価する方式を断行したのが、群馬県JA甘楽富岡の営農部長だった黒沢賢治氏だった。鯉渕学園で宮島三男氏に学び、のちに東大教授の今村奈良臣氏から農業IT研究会等で貴重な示唆を得た黒沢氏は、IT（情報技術）農業研究会のリーダーとして、農業のイノベーション（技術革新）の先端を切る存在となっている。

『地上』編集次長だった昭和四七年、鹿児島県農協中央会総合企画部長の八幡正則氏がリーダーシップをとって、砂糖価格の引上げ要求のため、与論島から汽船を出発させて、各島々の砂糖キビ栽培農家を乗せ、東京の晴海埠頭《ふとう》に上陸。当時の首相・田中角栄氏の目白御殿を急襲するという大作戦をかけた。この独創的な行動を名カメラマンの桑原正信氏にフォローして貰った。同時に八幡部長には〝闘争手記〟を書いて頂き、農協青年部員を中心とする読者の注目を集めたものである。八幡氏も、以来私の相談相手となって下さり、二宮尊徳流の協同組合思想を私に注入して下さっている。

『地上』編集長を経て昭和六二年から電波報道部長を務め、テレビ東京の番組「岸ユキのふるさとホットライン」（週一回放映）を担当した。西野バレー団出身、女優の岸ユキさんは「東京ナイトクラブ」というヒット曲をもじって「農協ないと困る」というキャッチフレーズをつくり、熱心に農村探訪を続けてくれた。また、この番組のCMとしていまは亡き野坂昭如氏の「おコメ・コマーシャル」も視聴者から注目された。その詳細については（拙著「昭和を彩った作家と芸能人」・国書刊行会刊を参照されたい）。

三十六年間に及んだ家の光協会の編集者として、作家・芸能人の方々とのコンタクトも濃密であった。農民文学畑では、和田伝、丸山義二、薄井清、島一春、山下惣一の諸氏から受けた〝農民愛〟の魂は忘れ難い。女流作家では、平林たい子、佐藤愛子、有吉佐和子、安西篤子さんたちから、女心の核について、貴重な示唆を頂いた。一流作家としては、今東光、水上勉、松本清張、丹羽文雄、豊田穣、城山三郎、藤沢周平（順不同）の諸氏から文学の魂について教えて頂いた。詩人の西條八十、サトウハチロー、竹内てるよさんから受けたポーエム（詩）の真髄、……大衆文学雑誌の編集者としての経験も私の精神的な財産になった。

平成五年、家の光協会を退職してフリーライターとなった。平成六年には食糧管理法が廃止となり、コメの自由取引が認められた。また、平成二一年（二〇〇九年）には「平成の農地改革」と呼ばれる農地法改正により、農地の流動化が促進されて、農地の集積、農外企業の農業参入が活発化される。農協側にとっては集落営農の組織化がカギとなった。さらに「JA出資型農業生産法人」が東大名誉教授で東京農大教授の谷口信和氏によって提唱され、明確な方向付けがなされている。

私のこれまでの所論については主として〝進歩的〟な人々によって批判され続けてきた。このほど、奥野長衛氏が三重県中央会長から全中会長に就任され、やっと私の論の、私なりの正当性に気付いて下さった人を得た。これまでは、誤解されっ放しであった。思えば半世紀余の取材街道、長い長い道のりであった。なお、農政ジャーナリストとしての私を絶えず支援して下さった人々は、左記のとおりである。（敬称略）改めて感謝の意を表わしたい。

〈青森〉秋田義信、〈宮城〉阿部長寿、〈秋田〉三浦俊彦、〈栃木〉大木テル、〈群馬〉重野徳夫、〈東京〉大竹道茂、〈神奈川〉三廻部眞己、〈長野〉三沢光広、北原朗、〈静岡〉山村友作、黒田昭、朝比奈五郎、福井康博、青山吉和、〈愛知〉小林均、伊藤竜生、〈三重〉村上一彦、〈富山〉藤畑満、〈福井〉長谷川憲一、〈滋賀〉徳野克久、〈京都〉井上量夫、日下部福夫、〈大阪〉松井保、岸田玲子、〈奈良〉吉岡秀一、〈和歌山〉根来廣司、〈島根〉三原修治、〈広島〉古川慶夫、〈山口〉小川信、〈徳島〉井後正、〈佐賀〉松永康彦、〈大分〉堀幸一郎、〈宮崎〉白川敬、〈鹿児島〉八幡正則、房村守雄、片平金一、池端良昭。

〈付記〉　共に学んだ人々（敬称略・順不同）

★浜松師範付属小学校の同期生▽宇波彰（東大仏文・大学院卒）＝明治学院・札幌大教授。現代文化を解明する思想家でポストモダン哲学の第一人者。▽鈴木弘淳（東大工卒）東レを経て渋谷人材（株）社長。▽中村宏＝洋画家として著名。▽能勢剛行（明大卒）古河電工のサッカー選手として鳴らす。のち明大コーチ。なお先輩にベルリン五輪サッカー選手・堀江忠男（早大教授）、有馬朗人（東大総長）がいる。

★静岡市城内小学校の同期生▽小杉弘（静岡高―立大卒）サッカー選手として立大黄金期のＨＢとして鳴らす。▽瀬口寿一郎（中大卒）全日本通訳案内業者連盟理事長を経て帝国ホテル営業本部支配人。▽岩崎衛嗣（静岡商高―静岡ガス）静商時代左腕投手・強打者として県ベストナインに選ばれた。なお先輩に、農林中金元監事・藤原朝則、後輩にサッカー界のカズこと三浦和義がいる。

★旧制静岡中学の同時入学者▽山川静夫（国学院大卒）ＮＨＫアナウンサーとして著名。▽福原亨一（東大経卒）共同通信元編集委員。のち岩手大教授。▽鳥居滋夫（早大文卒）フジテレビ・スポーツアナウンサーとして有名。▽大石脩而（東大文卒）日本経済新聞文化部長・編集委員として健筆をふるう。▽大村和一郎（立大卒）サッカー選手としてメルボリン五輪に出場。すぐれたＨＢだった。

★旧制掛川中学の同期生、▽村松章臣（早大法卒）静岡銀行・静岡経済研究所から浜与監査役、▽松井喬（早大政経卒）日本電源開発を経て開発肥料社長、▽戸塚績東京農工大教授、▽大西芳行」（東京教育大卒）昭和女子大教授、▽赤堀新三郎・ＪＲ静岡駅長。

★静岡高校の同期生、▽生田浩二（東大経卒）東大駒場細胞キャップ、ブント書記局長として著名・のち米国ペンシルバニア大に留学。火事で死去。▽鈴木昭夫（東大法卒）第一勧銀室町支店長を経てスター精密会長。▽大石康博（東大工卒）＝東洋紡副社長。▽小林功典（東大法卒）厚生省社会保険庁長官。▽丸尾敏夫（東大医卒）帝京大学名誉教授・日本眼科学会元会長▽森下健（東邦大医卒）東邦大病院長▽菅野寛也（日大医卒）静岡市立病院内科部長。昭和軍事史研究家として著名。▽吉崎英輔（一橋大商卒）三菱商事ニューヨーク・シンガポール支店長から三菱液化ガス社長。▽川西脩司（早大文卒）静岡新聞社編集局長。▽宗野徳太郎（立大経卒）全藤倉の名内野手として都市対抗出場。長嶋茂雄を育てた新人監督として著名。▽高橋俊見（東大法卒）農水省大阪営林局長。▽伊藤晴雄「オーイお茶」で有名となった伊藤園の創始者（慶大卒）。▽佐野川好母（東大工卒）日本原子力研究所理事。▽石垣祐市（東経大卒）静岡放送解説委員。▽栗田瑞夫（東大法卒）ジェムコ日本経営監査役、▽高橋晋（法大卒）静清信用金庫理事長。▽石原富祥（慶大文卒）東洋高圧砂川の名投手として鳴らし都市対抗に出場、東海プラスチック社長。▽三橋寔（京大農卒）日本配合飼料研究部長。なおＯＢには石井廣湖（大阪大理卒）大阪市立大名誉教授、伊藤元重東大教授、齋藤孝明大教授。旧制静岡中学からは作家の村松梢風、水野成夫（サンケイ・フジグループの生みの親）、それに日本郵船工務部長として氷川丸、秩父丸を設計した私の伯父、鈴木恒太郎、▽野間清治▽上杉重吉（名古屋大文卒）講談社社長室長らがいる。芥川賞作家の三木卓（早大文卒）、直木賞作家の村松友視（慶大文卒）矢部正和（東大工卒）東大野球部外野手として鳴らす、新日鉄も静高ＯＢだ。野球部関係では、ＯＢに上野精三（慶大投手から監督）、石山建一（日本石油内野手から早大・プリンスホテルの監督）、赤堀元之（近鉄投手からコーチ）、▽増井浩俊（駒沢大投手から日本ハム）

★早稲田大学法学部の同期生▽佐々木秀典＝日本青年法律家協会長から元民主党代議士。さらに法務次官をつとめる。▽中川邦雄＝法務省から東京福祉大学教授、▽本田一＝東京都庁勤務を経て東京福祉大学教授、▽村山昂右＝東急リネン・サプライ社長、▽森下洋・富士ロビン社長、▽成毛文之＝日本化薬を経て中外産業社長、▽堀口九一＝熊本日日新聞監査役を経てＫＮサービス社長、▽村松章臣＝静岡銀行を経て鈴与監査役、▽鈴木一行＝古河産業常務、▽大山勝美・ＴＢＳプロデューサー、▽川崎達之・東急セキュリティ会長、▽増岡由弘＝弁護士、明海大学・朝日大学理事、▽幸重昌充＝大分合同新聞を経てＦＭ大分役員、▽嶋津英郷＝新潟大教授、▽楠林信正＝「週刊朝日」編集部から「朝日メディコ」編集長、▽緒方重威＝公安調査庁長官、▽伊藤康一郎＝ＮＨＫ経済部長。▽本田一（東京福祉大教授）

なお、学部の先輩・後輩では、政界には海部俊樹（元首相）、武部勤（元農相）、岸田文雄（外相）、稲田朋美（自民党政調会長）らがいる。辛坊治郎（読売テレビ）、文筆業では船戸与一（作家）、井沢元彦（歴史家）、大金義昭（作家）異色の学究は竹内佐和子（東大教授）で専門は経済政策。新聞界からは鳥井守幸（毎日）、森岸生（読売）、原剛（毎日）、田久保忠衛（時事通信）国正武重（朝日）、後藤謙次（共同通信）、田久保忠衛（時事通信）らが輩出されている。電波メディアでは西田善夫（NHK）、大沢悠里（TBS）、石井裕二（テレビ東京）、菊間千乃（フジテレビ―弁護士）、小郷知子（NHK）、テレビの法律相談で知られる弁護士の大沢郁夫、さらには漫画家で弘兼憲史と、多彩にして有力な人々が法学部に学んだ。明治（乳業）社長の川村和夫やJAグループでは増田陸奥夫（元農中副理事長）、松本浩志（元農中専務）、全農では新常務の桑田義文がいる。大学の同期では、商学部から猪狩誠也（ダイヤモンド社から東京経済大教授）、文学部から水口義朗（「婦人公論」編集長）らが出ている。

一三　海外取材から学んだこと

現役の雑誌記者時代、さまざまな国を巡り歩いた。イスラエル、シリア、ヨルダン、レバノン、エジプト、韓国、中国、オランダ、イギリス、ソ連、フランス、イタリア、ドイツ、オーストリア、チェコ、ブルガリア、と巡った。当時つかんだ情報は、今日の情勢を理解する一助ともなっている。

一九六九年、イスラエルとシリアの国境にあるゴラン高原に登った。在イスラエル・テルアビブの日本大使館員から「地雷に気をつけながら登りなさいよ」と注意されたが、実際には気をつけようがない。焼けただれた戦車の残骸が残るゴラン高原にイスラエルとの国境があるのだが、その国境線上に立つと、イスラエル国土は眼下に一望できる。つまり、イスラエル国民は、絶えず敵国から見降ろされているわけだ。

地図の上では国境は平面の上に仕切られているように見える。しかし実際には、何も国境は平らな地に仕切られているわけではない。絶えず敵国シリアから見下ろされているイスラエル国民にしてみれば、たまったものではない。せめてあの高地だけは自分たちの国にしたい、と願うイスラエル国民の気持ちは、現地に行って初めて理解できた。

確かに六〇〇万人ものユダヤ人は虐殺を受けた。逆に今度は、ユダヤ人たちがアラビック（現地ではこう呼んでいる）に、同じような虐殺をしているのだが、現地に行って初めて、イスラエル人たちを一方的に非難することはできない――という実感を抱くことができた。

イスラエルには、キブツ（集団農場）に日本人留学生たちが実習していたが、彼らのなかには、全共闘くずれの若者もみられ、そのリーダーが、さし絵画家中原純一、宝塚スター葦原邦子を両親にもつ青年だった。アジテーションの迫力には、すごいパワーが感じられた。

韓国には一九七二年一二月、ときのセマウル（新しい村づくり）運動の取材で、北は板門店、南は済州島へと三週間の旅だった。当時、まだ無点灯集落が多く、こうした農民の貧しさを何とか救おうというのも、ときの大統領、パク・チョンヒの悲願であった。この独裁者を「愛国者」と賛える国民は少なくなかった。映画館では、まず客の全員が起立し、そこへ国歌のメロディが流れ、大統領の映像が映し出される。完全な独裁体制だった。武力によるクーデターで誕生した政権だからこそ、こんなことができたのである。

済州島では、ミカンが「大学の木」と呼ばれていた。ミカンの木一本があれば、その販売代金で、子女を大学に通わすことができたのだ。今日では信じられない話だった。

釜山での女性同士のケンカは、耳をつんざくほどのすさまじさだった。気性の激しいこの国の国民性がよくわかった。旅行中、ずっと親切な案内役を務めて下さった韓国農協中央会指導販部次長の車瑛基氏（のちに韓国農民新聞社副社長）とは、この四〇数年間、相互に文通を続けている。五年前の平成一〇年にはお招き下さり、ソウル農村の周辺部を案内していただいた。このほど日本の（社）農協協会から、韓国人としては初の「農協人文化賞」を受賞された。私にとっても大きな喜びであった。

一九七四年には、ソ連、チェコ、ブルガリアを単独で回った。ソ連のトランジットホテルでは、日本人は知らない者同士が同じ部屋に泊らされた。ホテルのほとんどの部屋は空室だったが、同じ国の人間は同じ部屋に泊らせるという官僚的なやり方には心底参った。

チェコのプラハのホテルヤルタでは、エレベーター前に、立派な風格の老紳士が立ち、「グッドモーニング・サー」とVIP扱いの言葉をかけてくれる。しかし、何とこの紳士は、一日中、エレベーター前に立って、同じ言葉を多勢の宿泊客に投げかけていることが判った。何たる単純労働！　人間の個性を全く無視するやり方が、〝人間解放〟の美名のもとに行われていたのである。社会主義革命後も、このようなサマなのだ。

ブルガリアのリゾートタウン・黒海沿岸のヴァルナで行われた世界農業ジャーナリスト会議に日本代表として出席した。一週間の旅程で、現地の農業見学もスケジュールに組み込まれていた。バングラディシュの記者アマヌラは、レストランでも売店でも私のそばを離れず、必ず買い物や食堂の料金を払わされた。イスラム教では「貧者に寄捨するのは富者の義務」とコーランで定められているので、おごらせて当然、むしろ「喜捨の機会を与えてやった」という顔で、平然としていた。朝の食堂ではイラクの記者が正面に座った。「この国に入る前に、どこの国に行ったか？」と聞くので「イスラエル」と答えたら、物凄い顔で、にらみつけられた。「お前は、イスラエルからビザを貰える立場なのか？」と、激しいケンマクで罵声を浴びた。夜になると、ブルガリアでは「呑めや歌え」の大パーティが毎晩開かれた。「アベマリア」の大合唱が始まると、胸に〝金正日バッジ〟をつけた労働新聞の記者は「こんなブルジョア的な連中とは付き合えない」と、顔色を変えて退席し、宿舎にひきあげた。ある日、それぞれのお国自慢の歌を唱わされたが、労働新聞のその記者は、末尾が「キム・イルソーン」で終わる〝国民歌〟を唱ったものだ。立食パーティでは、ソ連の記者だけには椅子が与えられ、東欧圏の記者たちは、次々に皿に盛った料理をソ連の記者のテーブルに置き気げんをとる。ソ連の記者は、当然といった顔で、その料理をパクついていた。当時の共産国各国の力関係の実態をあからさまに知るチャンスとなった。

一九八五年に訪中した時、北京から四川省の成都まで国内機に乗ったが、その機内では泥まみれのミカンが配られ、そのすぐあとにオレンジジュースを配るという無神経ぶりに呆れたものだ。まだ中国の女性は国民服に近い地味な服装だったが、レストランのフロアに「ペエッ」とツバを吐く女子従業員も少なくなかった。公衆トイレには、何の囲いもなく、若い女性も、むき出しの尻を平気でさらし、用を足していた。民度は、これくらい低かったのである。今思えば、珍奇な思い出話ばかりだが、それぞれの国の、国民性が十分に察知できた点はのちのちの研究や執筆に役立った。

四 「科学」を振り回す〝博物館党〟
――コミュニズムに対する私なりの見方

「反共」のレッテルが文化人を震えあがらせた時代

九一年の夏から秋にかけて起きたソ連共産党の解体という歴史的激変について、日本共産党の宮本顕治議長は、驚くべきコメントを述べたものだ。

「我々が反対していた大国主義、覇権主義が音をたてて崩れたわけで、双手をあげて歓迎する。すっきり、晴れ晴れした気持ちだ。限りない喜びだ」

同党の常任幹部会声明も「巨大な害悪を流し続けてきた党の終焉は双手をあげて歓迎する」と、口調を合わせている。それほどまでに〝歓迎〟すべき事態を引き起こしたゴルバチョフやエリツィンは、日本共産党にとっても、望ましいヒーローのはずなのだが、宮本議長はゴルバチョフの「新しい思考」を「レーニン死後最大の誤り」と切って捨てているし、エリツィンの立場も「資本主義美化に陥っている」と、副委員長の上田耕一郎氏は評価していない。ゴルバチョフやエリツィンの考え方をソ連国民が支持したればこそ、ソ連保守派のクーデターは失敗し、日本共産党の幹部に「限りない喜び」をもたらしたというのに、それはいっこうに認めようとしないのです。要するに日本共産党というのは、このようにいつでも〝ご都合主義〟で物事を処理し、平気でダブルスタンダードをふりかざすのだ。

思い起こすと「反共」というレッテルが文化人たちを震えあがらせていた時代があった。私が学生だった昭和三〇年前後である。岩波の『日本資本主義講座』への登場が「進歩的学者」の指標と見られていた。この講座からの〝ご指名〟を多くの学者は渇望し、反共のレッテルが恐ろしいばかりに、多くの文化人が代々木へ代々木へとなびいたものである。

〝本物〟の社会主義など存在しない

日本共産党の幹部が「科学的社会主義」をもって、自分たちの「正しさ」を言い張る論理は、次のような三段論法からきている。

①科学的社会主義は科学であるが故に常に正しい。②日本共産党は科学的社会主義に則っている。③故に日本共産党は常に正しい。

少しでも物を考える人は、この論法の奇怪さに気がつくはずである。「科学的社会主義」とは、言うまでもなく、マルクス主義をそれ以前の社会主義、とくにロバート・オーエン、フーリエ、サン・シモンといった「空想的社会主義」と区別して呼ぶ名称である。この考え方はエンゲルスの「空想より科学へ」によって普及した。日本共産党もマルクス・レーニン主義の看板を塗りかえ、こう呼称している。「プロレタリア独裁」を「執権《しっけん》」と言い変えたのと同じ手法であった。マルクス以前の社会主義は単に理想として描き出されたもので、正しい手段を伴わないことから「空想的」と名づけられたのだが、今やマルクス・レーニン主義も、その意味では「空想的」であり、広義のユートピア思想のなかに包含されてしまっている。十九世紀半ばのマルクスが、今日の情報通信革命を予見できなかったのは当然である。「科学」としての有効性は、すでに失われていると見るのが科学的な思考なのだ。

それはさておき、この奇怪な三段論法から日本共産党の「無謬神話」が生まれたように思われてなりません。日本共産党は決して誤謬を犯さず常に正しいという、あの古くからの神話である。

しかし、私が学生だった頃、日本共産党は交番に火焔瓶を投げ込み、山村革命をやるために山村工作隊を送り込むなど、さまざまな極左冒険主義に走っていた。あとで、さすがにこの党も、あれは誤りだったと昭和三〇年の六全協で自己批判したものだ。スターリン時代のソ連を最大限に賛美した時期もあった。ハンガリー動乱（一九五六年）のときも、最初はソ連の侵攻に賛成し、あとから評価を変えた。そういうさまざまな誤りを繰り返しながらも「無謬神話」は生き続け「正しいのは自分たちだけ」との、独善的な態度をとり続けている。

それから、日本共産党の論理で、どうにも納得できないのは、旧ソ連、東欧、中国、インドシナなどで起きた一連の流血惨事を、すべて科学的社会主義とは無縁と断じ、社会主義の「例外」としていることだ。あれは本物の社会主義ではないと言うのである。しかし、それでは現存する社会主義国のなかのどこに本物の社会主義が存在するのだろうか。一つとして、うまくいっているモデル国がないのに、実存する社会主義国すべてを例外扱いする強弁には、ホトホトついていけない。いくら党幹部が「科学的社会主義」の正しさを強調しても、それを実証する例がないではないか。これが科学的な態度と言えるのだろうか。

党外にはじき飛ばされた先覚者たち

結局のところ、今の日本共産党の幹部は〝学校秀才〟の限界に突き当たっているのではないかと思う。宮本顕治、不破哲三、上田副委員長、そして現委員長の志位和夫氏、すべて東大出のエリートで固めている。これを日本版のノーメン・クラツーラ（特権官僚）と見る人もいる。判で押したように科学的社会主義は正しいのだと言い張るだけである。

二〇世紀末のソ連政変に関する党幹部の一連の発言を聞いて、私には次の情景が浮かんだ。「エーイ、この印籠が目に入らぬか」と、大見得を切っている水戸黄門（宮本元議長）と、その子分、助さん格さん（上田氏兄弟）の姿である。その印籠には「科学」の二文字が葵の御紋章さながらに浮き出ているのだ。「科学」とさえ呼称すれば、一般大衆は「へーイ、恐れ入りました」と、平伏するとでも考えているのだろうか。ずいぶん民衆を見くびったものである。このあたりが〝学校秀才〟の甘さと言えるだろう。

思えば上田・不破の兄弟も、かつては、すぐれた理論家として鳴り響いていた。構造改革派といって、イタリーのグラムシやトリアッチの影響を受けて地道に現実的に日本の社会構造を変えていこうとする考え方の人々であった。むしろ旧社会党の江田三郎氏や成田知巳氏に近い立場で、上田兄弟は颯爽《さっそう》と構造改革の論陣を張っていたものだ。

ところが、いつの間にか、そういう柔軟な思考が影をひそめていった。宮本顕治氏の家父長的な体制に取り込まれ、まるで〝お稚児さん〟のようになってしまった。

そういえば構造改革派には井汲卓一（元東京経済大学長）、長洲一二（神奈川県知事）、力石定一（法大教授）、富塚文太郎（東京経済大教授）、竹中一雄、石堂清倫、松下圭一（法大教授）といったすぐれた理論家たちが目映ゆいばかりの人脈を形成していた時代があった。党中央にも春日庄次郎氏のような先覚者もいたし、雑誌『現代の理論』で論陣を構えた安東仁兵衛氏のような慧眼の人もいた。そして、こうした人々の唱えた路線をやがてこの党も採択していくのだが、いつの世でも先覚者というものは、体制に受け容れられず、党外にはじき飛ばされてしまう運命にある。構造改革派も「修正主義」「改良主義」のレッテルを貼られて追放された。実際には、共産党中央はその後、議会重視の姿勢に変わっていくのだが……。

しかし、いくら議会重視と言っても、野党共闘のジャマになるのは常に「マル共」であることは、政界の常識。新生の民進党にも「マル共」アレルギーをもつ人は少なくない。要するに〝嫌われ者政党〟であるのだ――。

北朝鮮にも匹敵するパラノイア

東欧における一連の動乱が起きて、ベルリンの壁が崩壊し二〇世紀末。この時期は、まさに歴史の夜明けであった。その頃、日本共産党は、悪いのはスターリンとブレジネフだとして、本体のマルクスとレーニンを一生懸命かばった。しかし、あれはトカゲの尻っ尾切りそのものであったと言うほかはない。あの頃、私は学生時代に読んだマルクスの「ゴータ綱領批判」やレーニンの「国家と革命」のページを繰ってみた。マルクスは「資本主義社会と共産主義社会との間には、プロレタリアートの革命的独裁より以外のものはあり得ない」と書いている。またレーニンは「階級闘争の容認をプロレタリアートの独裁にまで拡大する人、そういう人のみがマルクス主義者である」と述べている。KGBを作って恐怖政治を敷いたのはレーニンであり、スターリンはその後継者である。エスエル（社会革命党）を根絶して二大政党の道を封じたのもレーニンの責任だった。

一党独裁体制の下で生じた一連の流血の惨事は、マルクス・レーニン主義とは無縁であり悪いのはスターリンとブレジネフのみだと日本共産党の幹部は言い張っていたが、決してそんなことはない。何よりも文献と史実がそのことを証明しているのだ。

日本共産党はまた、東欧動乱の原因をソ連の大国主義の故としていたが、これにも詭弁があった。第二次大戦後、旧ソ連の大国主義によって東欧各国が無理矢理、社会主義を押しつけられたことは事実だが、物不足、インフレ、失業というミゼラブルな経済に苦しみ、チャウシェスクらの暴政に苦しんだのは、社会主義そのものの欠陥からくるもので、「大国主義」という煙幕で真実を覆い隠せるものではない。チャウシェスクと言えば、ひところ宮本元議長はこの独裁の反ソ的な自主独立の姿勢にいたく共感を覚え、共同コミュニケを発表するなどの〝蜜月〟ぶりを誇示したこともあった。

結局、①生産手段の国有化、②中央集権的指令型計画経済、③一党独裁、④プロレタリア国際主義――という科学的社会主義の骨格はすべて崩れ去ってしまった。プロレタリア国際主義の破綻は、中ソ対立、中国・ベトナム・カンボジアの相克、旧ソ連の戦車によるハンガリー、ポーランド、チェコへの侵攻によっても極めて明らかなことである。

ひところ資本主義は戦争勢力、社会主義は平和勢力という図式が進歩的文化人によって誠しやかに掲げられたが、やがて、それも絵空事に過ぎないことが明らかになっていった。

社会主義国にはインフレも失業もないという〝常識〟も、つくられた〝常識の嘘〟であった。計画経済の国が次々に計画原理を捨てて市場経済原理を求める姿を見て、なるほど、社会主義とは、資本主義から資本主義に至る長くて苦しい道のりであるというシニックな定義の妥当性に思い至らざるを得なかった。

それにしても、日本共産党の指導者の頑迷固陋ぶりには、ただただ驚き入るばかりだ。宮本元議長は「科学的社会主義では本来、資本主義が発達した国から次の社会主義へ進むのが筋」と、古典的なパラダイムにしがみついていた。発展途上国ならともかく、発達を遂げた資本主義の日本を、この先社会主義国に変革できると本気で信じ込んでいたのだ。その頑固な教条主義は、やはり〝博物館もの〟という他ない。（マルクス・レーニン主義がわずかに有効性を発揮する局面は、途上国における民族解放闘争くらいのものであった）

不破哲三氏も「いずれソ連内に真の科学的社会主義の潮流が形成されることを展望する」と、政変後の時点ですら、こう述べていたが、これも信じ難い発言であった。七四年間の圧制の苦境からやっと脱出しようとしているソ連国民が、再び社会主義を選択するとでも考えていたのだろうか。恐るべき教条主義というほかない。

二十一世紀の半ばになったら〝はとバス〟のガイドが千駄ヶ谷を通るときに「ここが世界でただ一つの共産党です」と説明する——というブラックユーモアめいた話もあり。これを耳にした上田耕一郎氏は「博物館的党になるぐらい頑張る」と述べていたものだ。世界中でたった一つの社会主義政党になったとしても、科学的社会主義を捨てないというのだから、頑固一徹の人々であった。戦前「卑怯者去らば去れ　我らは赤旗守る」という革命歌があったが、あの感覚をずっと引きずっているのだ。心理学的にみたら、まさしくパラノイア（偏執性気質）にぴったり当てはまる。

海外を見渡すと、このスタンスは、北朝鮮の金王朝の実態と共通するものがある。北朝鮮は、ソ連崩壊の動揺など、ないと確信している。日本共産党も、遠い将来、せめて民族民主統一国家の実現については夢を捨てていない。この点につき不安や動揺など、ないと確信している。どちらも〝確信犯〟だ。日本共産党は北朝鮮労働党に強い批判の目を向けていたが、体質には共通性があり、やはり同根なのだなと思わずにはいられない。

そして、党員らの堅い信念には宗教的なものすら感じとれる。科学的社会主義は、もはや信仰の対象となっていると見たほうが妥当なのではないか。

いつの日にか革命の朝がくるという切実な待望論は、キリスト教の千日王国論やメシア（救世主）待望論に通ずるものがある。考えてみればマルクス主義は、ヨーロッパのキリスト教文明と風土のなかから生み出されたイギオロギーであるから、共産主義が進むと法や国家も死滅するというようなユートピア思想につながっていくのである。

かつて宮本元議長は、「転向を変節と言い換えるのが適切だ」と述べたものだが「変節」と呼ぶことによって、転向者に〝裏切り者〟のイメージをかぶせようという考え方が明白である。キリシタンの踏み絵よろしく、転向志向者に脅しをかけて締めつけた。大学時代の先輩・早坂茂美は党を除名されたな、「党のカネをくすね、女性を強姦した」と汚名をつけられ、学内でのビラに書かれた。残酷極まりない仕打ちだった。党幹部が頑強に自らの正しさを主張して止まない陰には、もし一連の批判を認めてしまったら、自己のこれまでの人生の足跡を全否定しなければならないことになるからだと思う。だれでも自己の人生を無駄だったとはしたくない。中国の天安門事件から二十一世紀に入ってからの膨張主義、東欧・ソ連の激動へと、日本共産党にとっては受難の季節が続いていたが、「その都度、一々釈明するのもしんどいよ」と、旧宮本議長は新聞記者のインタビューに応えて語っていたものだ。

〝集中〟に本質がある「民主集中制」

日本共産党の党員たちも、自らの学習活動として、多くの理論書を読んでいるはずである。しかし、以前からこの党の真面目な党員は、党中央に判断を預けた思考停止型の人間が多く、「学びて思わざれば則ち罔し」の状況が続いている。学んで、思い悩んでいる党員も数多くいるようだが、窮極のところで党中央が抑え込んでいるように思われる。「民主集中制」によって封じ込められているのだろう。少数は多数に従い、下級は上級に従うという民主集中制は、結局、「民主」は枕詞で「集中」に本質があるようだ。そのことに異を唱えて元名古屋大学教授の田口富久治氏が反旗をひるがえしたことがあった。私は、ただ共産党にケチをつけるために、こういうことを言ったり、新聞・雑誌に投稿したりしているのではない。多くの真面目な党員を知っているし、党活動に挫折してノイローゼになった知人もいる。私の学生時代、熱心な党員のカップルがいた。学生結婚をしていた。六全協（昭和三〇年）という全党的な自己批判があって、A君はこれまでの党活動の実績を否定され、党から憤然と離脱していった。いわば〝反党分子〟とされたのである。党に留まっていたB子さんは、党を取るかA君を取るかの二者択一を党細胞から迫られ、そのジレンマに押しつぶされて自殺してしまった。これは極端な事例だが、党中央の誤った指導のために多くの人生が悲惨な結末になっていた事実は気の毒でならない。もう日本共産党は、このままでは党のアイデンティティを保っていけないのではないか。解党的な出直しが必要ではないのか。

私自身のことについて若干触れると、農村向け雑誌の記者時代、社会主義国では、これまでソ連、チェコ、ブルガリア、中国の農業を取材してきた経験がある。インセンティブのないところ、食料生産が決して向上しないという実態をまざまざと見てきた。社会主義農業は、質のよい農産物を鮮度の落ちないうちに消費者に届けようという〝気働き〟がほとんど作動しない世界であることが判った。そういう意欲を持つ必要のない世界なのである。

要するに社会主義経済の欠点はイノベーションへのインセンティブが働かないことと、物流が機能しないということである。物不足はインフレと行列生活をもたらし、計画経済は官僚制を肥大させ、失業を引き起こした。中国における〝待業青年〟がその典型である。要するに、民衆のミゼラブル指数は高まる一方なのである。期待とは裏腹に、社会主義のダメさ加減を具《つぶ》さに知り得た取材経験だった。

私は学生時代から、今日まで六十年、資本主義か社会主義かの問題にこだわり続けてきた。主として「経済体制論」に関わる分野の本を、年に二、三冊、細く長く読み続けてきた。専修大学名誉教授正村公宏氏の論稿に最も共鳴を覚えたものである。母校の故堀江忠男教授の他、故長洲一二氏、故佐藤昇氏、大内秀明氏らの論文にも大きな示唆を受けてきた。

「悲しい夢よさようなら……」

戦前から今日までの民衆の闘いの歴史が、無駄であったとか、徒労であったとは考えていない。保守政権が柔構造でもって、その時々の民主化要求を体制内に取り込み、福祉政策とか社会政策という形で、具体化していったのだと思っている。野党や労働者・農民の要求を受けて、保守党側も、弱者救済の政策を徐々に実現していったのである。

イギリス労働党に所属していたストレイチーという理論家は「現代資本主義は、民主主義によって変形され、それによって生き延びることができた」と言った。「資本主義体制を救ったものは、資本主義に対する民主主義の闘争そのものであった。現代資本主義は、政治的民主主義に支えられている」というのである。味わい深い言葉ではないか。結果として資本主義が生き残ることができたのは、社会主義の攻勢を受けて、自己改革するだけの柔軟性があったからなのだ。

労働運動や農民運動の歴史は、決して無駄な足どりではなかった。それにしても、社会主義もダメ、資本主義も病い重しということになれば、消去法だが、第三の道として残るのは協同組合主義である。北欧の福祉国家に見られるとおり、協同組合が経済のセクターを形成して、人間を主人公とするデモクラティックな経済運営をしていく体制も良いのではないか、と思う。この協同組合主義は、かつてマルクス主義農業経済学者の近藤康男氏（東大名誉教授）によって「幻想」と決めつけられたが、そんなに捨てたものではない。むしろ、マルクス・レーニン主義のほうが幻想と化し、協同組合主義のほうが大地に足をつけた思想としてサバイバルを遂げていくのは明らかだろう。

いま地球は、自然環境の破壊、南半球の人口爆発という脅威にさらされている。今こそ日本共産党も、イタリア共産党のように生まれ変わって、日本環境党とか平和党とか名称を変えて、これからの人類の生存に役立つ活動に乗り出してもらいたいものだ。この党がマルクス・レーニン主義を捨て、「科学的社会主義」の呪縛から脱して、大衆に心から尊敬される政党に生まれ変わってほしいと願っているのである。

〈付言〉「言論の自由」を封殺する代々木の党

最近の日本共産党について、さらに付言すれば、この党が大衆の要望を常に汲み上げて、これを政治につなげる機能には、私も高く評価する一人である。これこそまさに、この党の真骨頂と言える。しかし、この党の体質的欠陥は否定し難い。「戦争に反対し続けた唯一の政党」というのが、この党の〝売り〟であるが、これは全くのウソッパチだ。旧ソ連が始めた戦争には、この党は一度も反対したことがない。もともとクレムリンの支部として発足したのが日本共産党であるから、反対できるはずがないのだ。

共産党は、しきりに所得格差の縮小を主張し続けているが、毎日新聞の川柳欄には「貧富の差、社会主義国ほど、していない」という痛烈にして暗示的な作品が掲載されている。（同紙二月二二日朝刊）

それから骨の髄《ずい》まで滲み込んでいるのが「大衆」への押しつけがましい説教癖である。筆者の経験で言えば、農林中金の理事長を務めた角道謙一氏が生存中のことだから、平成十年頃、日本農民新聞社主催のパーティで角道氏は旧制北野中学から海軍兵学校まで同期生だった、共産党の幹部・松本善明氏を紹介して下さった。その時、角道氏は私を「農村を頻繁に歩いているルポライターなんだ」と紹介するや、松本氏は「だいたい農業問題の本質というのはだね……」と、いきなり私に対して教訓を垂れ始めたのには驚かされた。普通だったら「ほう、近頃の農村はどうですか？　どんなふうに変化していますか？」と聞くのが当然の場面である。しかし松本氏は〈大衆は無知だから、まず本質を教えてやらなきゃ〉と、当然のような顔をして私に対し教えさとそうとするのである。まさにこれこそ〝教え魔〟そのものである。そして、これは共産党員に共通していることだ。口先では「大衆に学べ」とキレイゴトを言うが、実態は大衆を見下しているのである。私もその点は十分わきまえているのだが、松本氏に限って、この場面では一応プロのライターに対し、もう少し謙虚に出るだろうと思っていたので驚いた次第である。

「反共」という殺し文句も、党員は今でもごく日常的にのたまう。こちらは、学生時代ならともかく、もはや「反共」も「反公明」も「反民主」も、すべて等価値なのだが、党員たちは、いまだに「反共」が殺し文句として有効性を失っていないと思い込んでいるのだ。滑稽を通り越して、このようなイシアタマの持ち主は、むしろ憐れだと思う。ちなみに故土井たか子さんが社会党の委員長に就任したとき、日本教育会館で開かれた大祝賀会で、あの〝知の巨人〟加藤周一氏までが「憲法改悪を唱える輩は反共と言われても仕方がない」と祝辞のなかで述べたものだ。〈ああ、この人までが……〉と、私は耳を疑ったことがある。

共産党の内幕を知るには、かつて党幹部のナンバー4だった筆坂英世氏の一連の著作は、極めて示唆に富んでいる。不破委員長時代、党幹部会で不破氏が語る発言内容を聞いて、党幹部一同が異口同音に「委員長のお話をお聞きして、目から鱗が落ちるような気持ちです」「身の引き締まる思いです」と〝おじょうず〟を述べるというのだ。どこの会社の役員会・重役会でもみられる光景と寸分、変わりない。幹部党員とて普段は、上役にオベンチャラを言うような態度は封建的と言わぬばかりのパフォーマンスを演じているが、ハラの中は、一般の会社重役と全く変わりない。

国民も馬鹿ではないから、このような共産党に、五％程度の支持率しか投じていない。共産党員は、しばしば「言論の自由」を主張するが、共産党員の議席が増えれば増えるほど「言論の自由」からは遠ざかるのだ。仮りに（そんなことは絶対に起こり得ないが）一〇〇％の議席を得たとたん、つまり共産主義体制に到達したとたん、完全に「言論の自由」は失われ独裁国家となる。これは、数学の収斂理論でも説明できる簡単な原理だ。そしてこれまで出現した共産主義（社会主義）国家に例外はなかったことが、これを証明している。

だいたい、共産党員にして学者というのは、何とあざとい生き方ではないか。当然、自己の学説より党の綱領や諸施策を優先させねばならない。これが学者と言えるのだろうか。まさに学者としての自殺行為というほかはない。

現在の共産党は、内心は党名を変えたがっている。実質的には社会民主主義政党となっているからだ。現に農政ジャーナリストの会で、講師に招いた参院議員・紙智子さん（北海道）に私が質問した際、彼女は正直に実情を告白してくれた。要するに党名を下手に変えると、これまでの支持者が（その多くは単細胞の持ち主）が逃げ出してしまうからだ。党員自身も、もはや共産主義イデオロギーなどシーラカンスか骨とう品同然となっていることくらい、十分に自覚しているのだ。言わば、彼らは「仮面」をかぶっているにすぎない。

この度の野党共闘問題でも、民進党党首の岡田克也氏は稀代の原理主義者として知られているだけに共産党との連携を主張している。これに対し、理知的な論客・枝野幸男、細野豪志の両幹部は共産党の本質を知り抜いているから、岡田党首の共闘論には、まったく耳を傾けようとしていない。

いま、数ある学会のなかで、農業経済学会だけは、マルキストがイニシァティブを握っている。これは、数ある経済学会の中でも珍現象と私の静岡高校の後輩の伊藤元重氏も証言している。その大ボスを批判した私は、農政論壇からほとんど乾され、排除されている。共産主義イデオロギーが幅をきかせている限り、言論の自由が封じ込まれることは、この私が常々実感していることなのだ。

なお、人生経験の長いジャーナリストの立場から敢えて次のことを書き加えなければならない。すなわち、この拙稿から党員諸氏が何の反省材料もつかみ得ないとしたら、もうこの党に明日はないと断言できる。またＪＡグループは残念ながら結果的に、この〝何でも反対〟政党のペースに乗せられてしまった。この党は新任した全中会長の奥野長衛氏に対しても、すぐさま「アベノミクスの宣伝カー」と、えげつないレッテルを貼っている。これがこの党の素顔なのである。この党の党員たちは、ほとんどマジメ人間だが、その上に「クソ」の二字がつく、単細胞の人々なのである。私は、この人たちに「汝自身を知れ」というソクラテスの言葉を謹呈したい。

なお、私も代々木筋から「反共」のレッテルをつけられているが、言論の自由を封圧するような、すなわちヒューマニズムに反する人たちから、このようなレッテルを貼られるのだ。しかし私は憲法改正により日本が交戦権を持つことには不安を覚える一人でもある。もし交戦権を持ったら、日本の自衛隊員が中東の地で血を流す危険が小さくない。相手は命を惜しまぬイスラム国（ＩＳ）だからである。一般的には中国が仮想敵国とされているが、米中両国ともに核を持っており、これが抑止力となって、日本が中国と戦う状況はゼロに近いと私は見ている。

因みに日本農業新聞のコラム「四季」では「もはや出来合いの思想には、よりかかりたくない。いかなる権威にも、よりかかりたくない。」と民衆詩人・茨木のり子さんの言葉を紹介している。

共産党の数々の誤謬を思うとき、「人間の賢さには一定の限界があるが、愚かさは底知れない」と断じ切ったゲーテの言葉が思い出されてならない。まことに救い難い党である。

それにしても、生前御好宜を頂いた作家の、なだいなだ氏が「イデオロギーというものは麻薬やニコチンと同じで、どうしても中毒になるんだよなあ」と、さすがに精神科医にして物書きの人らしく、豊富な治療経験から感に耐えたように、つぶやかれた声を思い出さずにはいられない。さらに、平成二八年二月二〇日に東京・日比谷公会堂で開かれた第二〇回「菜の花忌」（司馬遼太郎記念）では、大逆事件（明治天皇暗殺の疑いをかけられた幸徳秋水ら十二名が死刑に処せられた事件）に詳しい正義感作家の辻原登氏や歴史研究家の磯田道央氏（静岡文化芸術大教授）らが参加し、「司馬作品を語り合おう一今の時を見すえて」と題するシンポジウムが開かれた。さまざまな議論の末、司会の古屋和雄氏（元NHK）が「菜の花忌二〇年の節目の総括として、次のような結論をまとめた。「司馬さんは次の言葉を七十年余の全人生において辿り着いた考え方として、こう言われたのです。『イデオロギーを通して物を見ることだけは、やめましょう』と」。満場の拍手が沸き起こった。こういう、よくよくの事実に対し、なお疑いを抱く、全国民の五％ほどの人の、知識のあり方に、私のほうこそ、深い疑いを感じざるを得ない。

東京農工大学教授当時、マルクスの「資本論」をテキストに農業経済学を数十年にわたり講じられた大谷省三《せいぞう》氏は、晩年、中国を視察し「今まで自分が講じてきたのは何なのだったのか？」と、終末エッセイを書かれた。最近のTPP問題も、当初から「是々非々マター」であり「全面反対マター」ではないと、私は主張してきた。また、全産地の問題でなく、果実、高級和牛等では輸出に活路を見出す産地もあり、また長期的には、北半球の先進国では人口減、南半球の途上国は人口爆発。日本農業の活路は輸出の促進、つまり関税ゼロに向かうしかないことは明々白々だった。しかし私は共産党系の新聞や雑誌の影響で、かなりのJAマンから〝異端視〟されたまま、八十路に達し、農協社会が、まだ〝夜明け前〟であることを痛感している。新任のJA全中会長・奥野長衛氏の手によって、農協界も何とか市民社会になって欲しい、陰湿なイジメ社会から脱してほしいと願い、まだ目の覚めない人たちは、一日も早く正気を取り戻してくれることを祈って、小著の結びとしたい。

あとがき

小著は半世紀に及ぶジャーナリスト生活の経験を踏まえ、私なりに日本農業と農協運動の来し方、行く末を考えつつ、ペンを運ばせたものである。五八年の長きにわたり、主として農業・農協問題の取材と執筆に従事することができた。その間に、左の理論家、友人諸氏からは、有形無形のご懇切なご指導を頂いた。心より感謝の思いを記したい。（敬称略・順不同）

学界では、佐伯尚美、今村奈良臣、生源寺眞一、伊藤元重（以上東大）、吉田忠、藤谷築次（以上京大）、山地進（東海大）、中村靖彦、三廻部眞己、白石正彦（以上東京農大）、樋口恵子（東京家政大）、猪狩誠也（東京経済大）、本田一、中川邦胡（以上 東京福祉大）、朱建栄（東洋学園大）、宮城道子（十文字学園女子大）、笛木昭（広島県立大）、大泉一貫（宮城大）、岸康彦（愛媛大）、富山和子（立正大）、早野透（桜美林大）、緒形明子（東京女学館大）、小林綏枝（秋田大）、岩崎由美子（福島大）、八幡正則（鹿児島大）、武藤敏郎（大和総研）、小楠湊、炭本昌哉、大多和巌、佐藤純二、田中久義、原弘平、室屋有宏（以上農中総研）、福間莞爾（元協同組合経営研）、大竹道茂（伝統野菜研）といった方々である。歴代農水事務次官では、大河原太一郎、上野博史、渡辺好明の三氏、大臣官房秘書課及川真梨子女史から格別の御高配を頂いた。

ジャーナリスト仲間では、石井勇人（共同通信）、村田泰夫（朝日新聞）、内山勢、濱条元保（以上毎日新聞）、小島新一（産経新聞）、加倉井弘、合瀬宏毅（ＮＨＫ）、石井裕二（テレビ東京）、前田誠、松澤厚、日野原信雄、緒方大造、永井考介、伊本克宣、児玉洋子（以上日本農業新聞）、吉川駿、高木礼子（以上日本農民新聞）、河原弘道（公明新聞編集部長）・岡田孝子（「現代女性文化ニュース」編集長）の諸氏からも貴重な示唆を頂き続けている。また、政界裏事情にかけては、この世界の第一人者・大下英治氏、さらには政経フォーラムの主催者・岡崎守一氏からも貴重なコメントを頂いている。

出版界では、岡崎満義、三阪直弘（以上文芸春秋）、水口義朗（中央公論）、工藤香里（リベラルタイム）、尾中隆夫、村田正、青木恵子、佐久間真理子、粟野寛之（以上全国共同出版）加藤昌子（虹）といった各氏からは雑誌・図書づくりについて啓示を受けた。家の光協会同期の吉田忠文（全国棚田連絡協議会）、川口克郎の両氏からは、常に知的刺激と温かな友情を頂いた。厚く御礼申し上げたい。私が家の光協会の編集者当時、普及活動に挺身されて私たちの取材活動を背面から支えて下さった先輩・同僚の諸兄姉にも心から感謝申し上げる。なお、旧民主党の元代議士小川信氏（故人）と、同じく民主党元代議士（山口・元相沢英之蔵相秘書）川上義博氏とは、かねてから御好誼を頂いている。さらには大学の後輩でもある自民党政調会長・稲田朋美女史に本書は活用されており、公明党・農林部会長の代議士・上田勇氏とも交流を深めている。加えて自民党インナー会議（農林幹部会）の野村哲郎氏（元鹿児島県農協中央会専務理事）、斉藤進氏（埼玉・農林副大臣）も、有力な情報源の一つとなっている。改めて、御礼申し上げたい。なお本書の編集については、農林中全広報部の三上正一氏から貴重な示唆を頂いている。

また私は、ここ十数年間、貿易研修センターの会員として米国事情については東大名誉教授の北岡伸一氏、中国事情については国際教養大学学長・中嶋嶺雄氏からリアリスティックな国際問題観を学ぶことができ、私の取材活動にとって有益な糧となった。企画を担当された同センターの桜庭《さくらば》昭義総務部長、富所香織さんにも感謝の意を表したい。また寺田浩明氏（元JA遠州監査室長）も私にとり貴重な情報源であった。

また、東京農大出版会から小著を刊行させて頂く契機となったのは、三廻部《みくるべ》眞己氏（日本農業労災学会長）で、氏が母校の出版会を紹介して下さった。二十一世紀の今日、なお農業ジャーナリズムの世界では、一般に新聞を除き、「言論の自由」が必ずしも定着していないことを、身をもって痛感した次第である。

初版を刊行した二〇一四年の農業情勢から、状況が大きく変動しているので大幅に加筆し、初版新収の原稿を大幅に削除した。さらに多くの方々に読んで頂きたい内容となっている。ご一読頂ければ幸いである。

<著者紹介>

鈴木俊彦（すずき　としひこ）

1933年静岡県生まれ。静岡高校を経て1957年早稲田大学法学部卒。同年家の光協会に入る。1958〜60年全中出向。大阪支所（東海近畿編集担当）を経て『地上』編集長、出版部編集長、編集委員室長、電波報道部長等を歴任。2003年退職後フリーライターに。日本ペンクラブ会員。農政ジャーナリストの会会員。協同組合懇話会会員、貿易研修センター会員。

<主な著作>

『農と風土と作家たち』（角川書店）、『日本農業最前線』（農林統計協会）、『協同人物伝』（全国共同出版）、『農村取材記者の眼』（農林統計協会）、『JA生き生き戦略』（全国共同出版）、『地域風土の探求』（農林統計協会）、『明日を拓くJAのかたち』（全国共同出版）、『協同組合の軌跡とビジョン』（農林統計協会）、『協同組合再生の時代』（農林統計協会）、『農政経済の伏流と実相』（農林統計協会）、『昭和を彩った作家と芸能人』（国書刊行会）、『激動の時代と日本農業の活路』（東京農業大学出版会）

新版／激動の時代と日本農業の活路

2016（平成28）年５月10日　新版第１刷発行

著者　鈴木 俊彦
発行　一般社団法人東京農業大学出版会
代表理事　進士五十八
〒156-8502 東京都世田谷区桜丘 1-1-1
Tel. 03-5477-2666　Fax. 03-5477-2747
http://www.nodai.ac.jp

印刷／共立印刷株式会社
ISBN978-4-88694-457-3　C3061　¥1900E